AF458810

G

Cinquante centimes la Livraison.

HISTOIRE
DES
EXÉCUTIONS POLITIQUES
EN FRANCE,

Depuis le commencement de la monarchie jusqu'à nos jours.

PAR AUG. BLANC.

GABRIEL DE GONET, ÉDITEUR, RUE DE LA HARPE, 93.

1846.

1ère Livraison.

Librairie de GABRIEL DE GONET, éditeur, r. de la Harpe, 93.

HISTOIRE

DES

EXÉCUTIONS POLITIQUES

EN FRANCE,

Depuis le commencement de la monarchie jusqu'à nos jours.

PAR AUG. BLANC.

PROSPECTUS.

Les procès politiques sont des matériaux importants pour l'histoire ; ils révèlent les mœurs, les idées du temps où ils

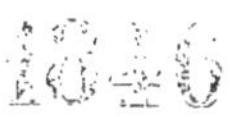

se produisent, et il est facile d'y trouver la cause des révolutions qui agitent et bouleversent le monde. Le livre que nous offrons aujourd'hui au public est donc en quelque sorte le complément indispensable de notre histoire.

En suivant l'ordre chronologique, nous avons eu soin de ne négliger aucune époque, de sorte que tous ces drames divers ne forment, pour ainsi dire qu'un immense drame d'une durée de plusieurs siècles.

L'époque de la révolution de 89 si féconde en procès politiques a été l'objet d'un soin particulier. Laissant de côté tout esprit de parti, nous nous sommes attaché aux faits caractéristiques; nous avons voulu montrer en même temps la face de la médaille et son revers, et les sanglantes saturnanales de ce temps ne nous ont pas empêché d'en apprécier les grandeurs.

L'empire, la restauration ont été par nous explorés avec le même soin, et nous ont permis de montrer cet amour de la liberté, jeté par Dieu au cœur de l'homme, luttant incessamment contre le despotisme militaire et le fanatisme religieux.

« Et pourtant, elle tourne! s'écriait Galilée victime de son génie. Il en est de même des lumières et de l'esprit de liberté; ils s'étendent et progressent malgré toutes les entraves.

A Dieu ne plaise toutefois que nous approuvions les violences de ces hommes ardents, impatients de toute espèce de joug, même du plus légitime, et qui trouvant la raison trop lente, en appellent au poignard; nous les plaignons, mais nous les condamnons en même temps.

Nous avons la conscience de ne nous être pas écarté un seul instant de ces principes d'impartialité qui sont indispensables à l'historien, et nous serions désolé que notre livre eût ce que l'on appelle une couleur politique. Nous avons peint, nous avons raconté sans exception de parti, l'aveuglement des juges; l'égarement des coupables n'ont pu nous faire crier anathème ni sur les uns, ni sur les autres; nous n'avons pas oublié un seul instant que l'humanité est essentiellement faillible, et que les meilleures intentions sont impuissantes à garantir de l'erreur. Enfin nous avons apporté à la confection de cet ouvrage quelque chose de supérieur à l'esprit et au talent, la conscience et l'impartialité.

CONDITIONS DE LA SOUSCRIPTION.

L'HISTOIRE DES EXÉCUTIONS POLITIQUES formera un volume in-8°, publié en 16 livraisons.

Douze belles gravures sur acier composées spécialement pour cet ouvrage seront jointes au texte.

En payant le prix de l'ouvrage entier (8 francs), on reçoit les livraisons *franco* à domicile, à Paris.

L'ouvrage étant entièrement terminé, il paraîtra une livraison ou deux par semaine sans interruption.

Le prix de la livraison est de 50 cent.

En vente à la même Librairie.

CHANSONS ET RONDES ENFANTINES, recueillies et accompagnées de contes, notices, historiettes et dialogues, par Du Mersan; enrichies de la musique en regard, avec accompagnement de piano disposé pour de petites mains, et terminées par une walse et un quadrille enfantins composés sur les airs des rondes les plus connues, par Gustave Jeanne-Julien. Véritable album de l'enfance. Un joli vol. in-8°, illustré d'un grand nombre de gravures sur bois intercalées dans le texte. 5 fr.

CHANSONS NATIONALES ET POPULAIRES DE FRANCE, enrichies d'une histoire de la chanson française et de notes historiques et littéraires, par Du Mersan. Un joli vol. in-32. 2 f. 75.

NOUVEAU DICTIONNAIRE DE SANTÉ, à l'usage de tout le monde, indiquant les moyens de se conserver toujours en bonne santé, ou de se guérir facilement si l'on était malade; par M. Parent-Aubert, médecin de la Faculté de Paris, membre de plusieurs Sociétés savantes, honoré de médailles par la ville de Paris, à l'occasion de l'épidémie du choléra-morbus et pour la propagation de la vaccine, etc. Nouvelle édition, revue, corrigée et augmentée. Un joli vol. in-18. 1 fr. 50.

LE PARFAIT FERMIER, traité d'économie rurale, contenant l'art de conserver, cultiver et faire produire les biens ruraux, les nouvelles lois sur les irrigations, sur la chasse et sur la pêche; la concordance des poids et mesures anciens avec les nouveaux; une tenue des livres simplifiée, mise à la portée de tout le monde, les nouvelles découvertes agricoles, etc., etc.; suivi de la biographie des agronomes et agriculteurs célèbres, depuis les temps les plus reculés jusqu'à nos jours; par O. Chaptal Un jolie vol. in-18 Charpentier. 3 fr. 50.

Sous presse pour paraître en Livraisons le 5 avril :

LES FLEURS ANIMÉES,

PAR J.-J. GRANDVILLE,

PROLOGUE ET ÉPILOGUE

PAR ALPH. KARR,

Texte spécial par le Comte FOELIX.

Paris. — Imp. de LACOUR et Cie., r. St-Hyacinthe-St-Michel, 33.

HISTOIRE

DES

EXÉCUTIONS POLITIQUES

EN FRANCE,

Depuis le commencement de la monarchie jusqu'à nos jours.

INTRODUCTION.

L'histoire des exécutions pour crimes politiques est en quelque sorte l'histoire de la civilisation. C'est là surtout que les mœurs se révèlent, et que se montrent les progrès de l'intelligence gouvernementale. Pendant des siècles, les rois et les peuples ont dû se soumettre à ce déplorable axiome : *Les morts seuls ne reviennent pas.* Alors on tuait les dissidents, pour n'avoir pas ou pour n'avoir plus à les combattre ou à les convaincre, et les mauvaises passions aidant, la peine de mort était appliquée sous toutes les formes, même les plus hideuses.

« Les lois, dit Beccaria, qui devraient être des conventions « faites librement entre des hommes libres, n'ont été le plus « souvent que l'instrument des passions du petit nombre. »

C'est là une vérité que démontrent particulièrement les condamnations et les exécutions politiques, non seulement celles dont nous faisons l'histoire dans cet ouvrage, à partir du XVIe siècle, mais aussi celles qui les ont précédées depuis le commencement de la monarchie, et qui furent prononcées, soit au nom de la justice, soit au nom de la *raison d'Etat*, grand mot dont on a tant abusé.

Telle fut, au commencement du VIIe siècle (613), l'exécu-

tion de Brunehaut, cette redoutable rivale de l'implacable Frédégonde, que Clotaire II condamna à être attachée à la queue d'un cheval sauvage, et dont le corps fut si horriblement mutilé qu'on n'en put retrouver que quelques lambeaux informes. A partir de cette époque, les exécutions pour cause politique furent nombreuses, et presque toutes ne furent autre chose que des assassinats, jusqu'à Pierre Desbrosses, chambellan de Philippe III et ennemi de la femme de ce prince, Marie de Brabant. Pendant longtemps, la reine et le favori se firent une rude guerre, laquelle eut l'issue que l'on devait prévoir : la reine, à force de caresses, l'emporta dans l'esprit de Philippe, et Desbrosses fut envoyé à la mort.

Ici se place, dans l'ordre chronologique, l'exécution des Templiers. Ces chevaliers, dont les richesses étaient immenses, furent tous arrêtés à Paris et dans les provinces, le 13 octobre 1307, ce qui prouve que leur puissant ennemi Philippe-le-Bel avait longtemps médité et préparé cet acte de trahison. Le 12 mai 1310, après avoir subi durant trois années la plus dure captivité et les tortures inventées par le fanatisme religieux, cinquante-quatre de ces braves guerriers furent brûlés vifs au faubourg Saint-Antoine. Un grand nombre de membres de cet ordre illustre subirent le même supplice dans les provinces.

Le 15 mars 1314, après avoir vu consommer la ruine de leur ordre, après avoir vu périr dans les horreurs d'un supplice épouvantable les plus braves et les plus religieux d'entre leurs frères, le grand-maître, Jacques Molay, et Guy, dauphin d'Auvergne, prieur de Normandie, subirent à leur tour l'horrible supplice du feu. Soit qu'ils eussent été trompés par les moines astucieux qui les avaient interrogés, soit qu'ils fussent brisés, affaiblis par les tortures et les privations d'une longue captivité, ces deux chevaliers avaient fait, disait-on, des révélations qui compromettaient l'ordre, et à ce prix, on leur avait laissé la vie. Mais lorsque, conduits aux portes de Notre-Dame, où ils devaient faire amende honorable, ils entendirent la lecture des dépositions qu'on avait placées dans leur bouche, ils soulevèrent avec indignation les fers dont ils étaient chargés, et tournant leurs regards vers le ciel, ils déclarèrent à haute voix que ces dépositions étaient un tissu d'horreurs et de calomnies qu'ils n'avaient jamais proférés. Philippe, ayant appris cette rétractation, ordonna immédiatement le supplice du grand-maître et de son compagnon. Alors on les lia avec des cordes, on les transporta dans l'île aux Juifs (1), et on les attacha au bûcher. La voix de ces nobles martyrs se fit entendre du sein des flammes; ils persistèrent à soutenir leur innocence et celle de leur ordre accusé d'avoir attenté à la souveraineté du roi, et avant que la mort eût mis fin à leur douleur, ils *ajournèrent* le roi Philippe et le pape Clément qui moururent tous deux dans le cours de cette même année.

Dans le même temps (1308), une exécution qui semblait peu importante en elle-même, faillit avoir les conséquences les plus graves. Un jeune homme, nommé Pierre Barbier, natif de Rouen, accusé d'avoir fait partie d'une bande de mécontents qui s'étaient montrés en armes, fut traduit devant le prévôt de Paris, Pierre Jumel, qui le condamna à être pendu et le fit exécuter. Il se trouva que ce jeune homme était un écolier de l'Université. Comme un des priviléges de ce corps était que tous ses suppôts fussent exempts de la justice séculière, le recteur indigné commença par faire fermer toutes les classes, et ayant dénoncé à l'évêque de Paris l'attentat du prévôt sur la juridiction ecclésiastique, il intervint, à l'officialité de Paris, une sentence qui ordonnait à tous les curés de se trouver le lendemain, jour de la Nativité de la Vierge, à l'église Saint-Barthélemy, à l'heure de tierce, pour de là, aller tous ensemble processionnellement, avec la croix et l'eau bénite, au Châtelet, puis à la maison du prévôt,

(1) Cette île touchait presque aux jardins du Palais-de-Justice, qui occupaient à peu près l'emplacement de la rue et de la cour de Harlay.

contigüe à cette forteresse, contre laquelle chacun devrait jeter une pierre en criant : « Retire-toi, maudit Satan ; fais « réparation à ta mère sainte, l'Eglise, que tu as déshonorée « et blessée dans ses priviléges. Autrement, puisses-tu avoir le « même sort que Dathan et Abiron, que la terre ensevelit « tout vivants ! »

Onze à douze mille écoliers suivirent la procession en manifestant hautement l'intention d'attaquer le Châtelet, malgré le renfort considérable d'archers que le prévôt avait appelés à son aide. Le roi apprenant ce qui se passait, envoya de la tour du Louvre un héraut qui vint à toute bride annoncer aux écoliers rassemblés sur la place du Châtelet, que le roi allait prendre en considération leurs plaintes, et que justice serait faite à l'Université.

Le roi tint parole : le prévôt fut destitué de sa charge, et par lettres-patentes du mois de novembre, le roi assigna sur le trésor public quarante livres de rente perpétuelle pour la création de deux chapelains à la nomination de l'Université de Paris, en réparation de l'injure qu'elle avait reçue.

Le premier acte du règne de Louis-le-Hutin, fils de Philippe-le-Bel, fut encore un assassinat juridique. Enguerrand de Marigny, premier ministre de Philippe-le-Bel, avait souvent refusé de subvenir aux folles dépenses, aux prodigalités de toutes sortes de l'héritier présomptif. Devenu roi en 1314, ce dernier fait arrêter le ministre intègre comme accusé d'actes tyranniques et de sorcellerie. Enguerrand est jugé, condamné à la peine de mort et pendu au gibet de Montfaucon que lui-même avait fait élever.

Plus tard (1350), Jean, dit le Bon, commence son règne de la même manière : le connétable Raoul, comte d'Eu et de Guines, prisonnier des Anglais, et libre sur parole, était venu en France, pour y chercher sa rançon. Jean irrité par les revers de ses armes, fait arrêter le connétable, le juge lui-même, le condamne et lui fait trancher la tête.

Une des plus singulières exécutions du XVe siècle est celle d'un bourreau de Paris nommé Capeluche. C'était en 1417. la guerre civile ensanglantait Paris, qui était alors au pouvoir de Jean-sans-peur, duc de Bourgogne D'horribles massacres avaient eu lieu dans les prisons; Armagnacs et Bourguignons s'entr'égorgeaient sans merci. Le 20 août, un nombreux attroupement de partisans Bourguignons, à la tête duquel était le bourreau Capeluche, après avoir exterminé tous les prisonniers du grand et du petit Châtelet, se porta à Vincennes, et demanda que les prisonniers qui se trouvaient dans le château lui fussent livrés pour en faire justice. Le duc de Bourgogne, qui s'intéressait à quelques-uns des prisonniers de Vincennes, défendit l'accès de la forteresse ; mais, en même temps, pour conserver sa popularité, il consentit à faire remettre vingt de ces malheureux captifs entre les mains du prévôt, séant au petit Châtelet, pour que leur procès fût instruit. Ces prisonniers partirent bien escortés ; mais à peine étaient-ils à moitié chemin, que Capeluche et sa bande attaquèrent l'escorte, la mirent en fuite et massacrèrent les vingt captifs.

Le duc de Bourgogne, considérant cet excès comme une injure personnelle, sentit qu'il était temps de ressaisir son autorité et de réprimer le cours d'une insubordination qui pourrait, quelque jour, se tourner contre lui-même. Il fit donc arrêter Capeluche et deux autres chefs de bande, et les remit entre les mains du prévôt pour en faire bonne et prompte justice. Quatre jours après, tous trois avaient le poing coupé aux halles de Paris, puis étaient décapités, et leurs corps suspendus sous les aisselles au gibet.

Capeluche fut exécuté par son propre valet qui avait obtenu la survivance.

Comme celui-ci n'avait pas encore fait d'exécution de ce genre, Capeluche lui donna en quelque sorte une dernière leçon sur l'échafaud, en lui indiquant ce qu'il fallait faire pour ne pas manquer son coup, circonstance rapportée en ces termes par un chroniqueur :

« Et ordonna le bourreau la manière comment il debvait
» copper la teste, et fust délié et ordonna le troncher pour
» son col et pour sa face, et osta du bois au boust de la do-
» loire (hache) et à son coustel, tout ainsi comme s'il volaist
» faire la dicte office à ung aultre, dont tout le monde estait
» esbahi. »

En cette même année 1417, la reine Isabelle de Bavière, femme de Charles VI, tenait sa cour à Vincennes; on n'entendait parler, là, que de festins, bals et solennités de venerie. Les jeunes gentilshommes y chassaient le daim et le chevreuil, et le soir, aux lumières des salles, les nobles dames poursuivaient les cœurs de leurs regards provocateurs.

On s'aimait sans gêne, sans retenue, sans mystère, sans pudeur. La dague et la débauche étaient de mode. La reine avait un amant; le roi le savait et ne s'en plaignait point; c'était la mode du temps. Un certain jour pourtant, l'amoureux de la reine, jeune et fringant damoiseau, chevauchait au grand galop sur la route de Vincennes à Paris; le chevalier Louis Bourbon, tel était son nom, vint à passer près de la voiture royale qui revenait à Paris, et doublant l'allure de son cheval à grands coups d'éperon, il fut assez osé pour passer sans s'arrêter, et pour ne pas saluer le roi, dont le visage exprima un mécontentement sinistre. Le soir même, vers minuit, un homme, à l'aide d'une longue courroie, traînait un sac de cuir noir à travers le bois de Vincennes; aux vives lueurs des flambeaux que portaient trois autres varlets, on pouvait lire ces mots, écrits distinctement en lettres blanches sur le sac: *Laissez passer la justice du roi.* Arrivés sur les bords de la Seine, les quatre hommes jetèrent le sac dans l'eau : il contenait le cadavre du galant de la reine; le roi ne voulait plus être à la mode.

Les exécutions pour causes politiques furent surtout nombreuses sous le règne de Louis XI qui avait fait un ministre de son barbier, Olivier-le-Daim, et qui appelait affectueusement son *compère* le bourreau Tristan l'Hermite. Ce dernier, par ordre du roi, rôdait sans cesse autour du château de Plessis-les-Tours où Louis vivait renfermé, et tout homme ayant la moindre apparence suspecte, était saisi, jugé, condamné et pendu en quelques instants. L'exécution la plus importante de ce temps fut celle du duc de Nemours. Arrêté et livré à la justice du parlement comme accusé de trahison, ce prince fut condamné à mort et décapité. D'horribles circonstances accompagnèrent cette exécution : par ordre du roi, les enfants du duc furent placés sous l'échafaud, afin qu'ils fussent arrosés du sang de leur père ; puis Louis les fit jeter en prison où ils subirent d'horribles tortures.

En 1483, Anne de France, dame de Beaujeu, ayant pris le gouvernement de l'Etat, pour le cours de la minorité de Charles VIII, voulut donner des gages de son amour pour la justice, en livrant aux tribunaux trois scélérats qui jusqu'alors avaient bravé le juste châtiment dû à leurs méfaits. Ces trois hommes étaient Olivier-le-Daim, dont nous avons parlé plus haut, qui, de simple barbier de Louis XI était devenu son favori et le ministre aveugle de ses volontés; Daniel, valet de le Daim, et Jean Dayac, Auvergnat de basse naissance, devenu gouverneur de l'Auvergne. Ces trois personnages, arrêtés ensemble au moment où ils s'apprêtaient à quitter Paris chargés du fruit de leurs iniquités, furent conduits au For-l'Evêque où les reçut Godefroy Milon, gouverneur ou geôlier en chef de cette prison. Cet homme traita les trois prisonniers avec tous les égards dus au malheur, même mérité, et les plaça dans une chambre dont la fenêtre unique donnait sur une ruelle appelée *cul de-sac des Trois Pintes*. Olivier-le-Daim et Daniel, son valet, étaient mornes et abattus; Dayac, au contraire, songea à profiter de l'espèce de liberté que le geôlier lui avait laissée, pour travailler à sa délivrance. Dans le nombre des gens qui habitaient la ruelle sur laquelle ouvrait la fenêtre fortement grillée de sa prison, il reconnut une famille d'ouvriers forgerons de son pays : « Mes amis, leur dit-il en patois, sauvez-moi, assemblez tous les enfants de l'Auvergne qui sont à Paris, et venez me délivrer; et, pour récompense, je mettrai à votre disposition la moitié de mes richesses qui sont immenses comme vous savez. » Cet appel est entendu, et pendant la nuit une troupe de cinq à six cents Auvergnats armés d'échelles, de pioches, de marteaux, viennent assaillir la prison. D'abord ils désarment les sentinelles, puis, à l'aide de grosses poutres transformées en béliers, ils tentent d'enfoncer les portes. Le geôlier, Godefroy Milon, réveillé en sursaut, se met à la tête de quelques archers, court à la chambre des trois prisonniers, et leur déclare que s'ils poussent le moindre cri ou font le plus petit mouvement, ils sont morts. « S'ils bougent, dit-il aux soldats, tuez-les sans rémission. » Sûr qu'ils n'échapperont pas, Milon rassemble les autres archers, et demande au sergent Cap-de-Laine, qui les commande, s'il croit pouvoir tenir une demi-heure.

— La porte de la prison va céder bientôt, répondit le sergent, et nous ne sommes que dix pour barrer le passage ; mais il faudra, pour entrer, que ces damnés Auvergnats nous passent sur le corps, ce qui ne sera pas aussi facile qu'ils l'imaginent.

Un peu rassuré, Milon arrive par un passage souterrain à l'église Saint-Germain-l'Auxerrois, court au clocher et sonne le tocsin. Aussitôt soldats et bourgeois courent aux armes et se dirigent vers Saint-Germain-l'Auxerrois. Milon sort de l'église, marche à la tête des premières troupes qu'il rencontre vers le For-l'Evêque, et en un instant il met en déroute les assaillants dont le tocsin et la valeur de Cap-de-Laine avaient déjà éclairci les rangs.

Le gouvernement de la Bastille devint la récompense du zèle et de la bravoure de Godefroy Milon. Le lendemain, dès l'aube du jour, Olivier-le-Daim, Daniel et Dayac étaient écroués à la Conciergerie, d'où ils ne sortirent que pour subir les peines que le parlement prononça contre eux. Olivier et Daniel furent pendus. Jean Dayac, après avoir été fustigé dans tous les carrefours de Paris, eut une oreille coupée aux halles et la langue percée d'un fer rouge ; il fut ensuite conduit à Montferrand, où il était né, et y eut l'autre oreille coupée après avoir été fouetté de nouveau. Les biens immenses que chacun de ces condamnés possédait, furent confisqués au profit du roi.

Les épouvantables persécutions de François Ier contre les protestants peuvent être considérées comme des exécutions politiques; elles furent si nombreuses que nous ne saurions les rapporter ici, et jusqu'à un certain point, d'ailleurs, elles peuvent trouver leur explication, sinon leur excuse, dans l'esprit du temps, le défaut de lumières et le fanatisme religieux dont il n'était ni facile, ni prudent de se défendre. Mais qui pourra absoudre le roi chevalier de la mort du vertueux Semblançay? Pendant la captivité de François Ier Louise de Savoie, sa mère, et le chancelier Duprat avaient tenu les rênes de l'État, et pillé les finances. François, de retour en France, nomme une commission pour poursuivre les coupables. Le chancelier, que la vindicte publique désignait à la justice du roi, garda sa faveur, et ne fut pas mis en jugement. Par ses conseils et ceux de Louise de Savoie sa complice, on traduisit devant la commission, l'ancien surintendant des finances, Semblançay, un des hommes les plus honorables de son temps. Son unique faute était d'avoir révélé l'espèce de vol dont la mère du roi s'était rendue coupable, en s'appropriant l'argent destiné à Loutrec, gouverneur de Milan. Semblançay fut condamné à mort, et subit son supplice avec le courage de l'innocence.

Suivant en cela l'exemple de son père, Henri II fit exécuter un grand nombre de huguenots; il fit même arrêter comme hérétiques Louis du Faur et Anne Dubourg, conseillers au parlement, et ordonna qu'on instruisît leur procès; mais blessé dans un tournois par le duc de Montgommery, il mourut de cette blessure, avant que le procès des conseillers fût terminé.

Le règne de François II, son successeur, s'ouvrit par la condamnation et l'exécution de ces deux victimes du fanatisme (1559).

Une chambre du parlement, spécialement chargée de juger les réformés, mérita, par la barbarie de ses arrêts, le nom de *Chambre-ardente*. Les protestants, effrayés, s'unirent alors contre le danger commun, et formèrent la conspiration d'Amboise, dont le prince de Condé était l'âme, et le chevalier Larenaudie le chef apparent. Cette conspiration, qui avait pour but d'enlever les Guises, fut dénoncée par un avocat du nom de d'Avenelles. Le roi fit pendre les principaux conjurés aux bastions d'Amboise. La reine-mère, les trois princes, ses fils, placés aux fenêtres du palais, assistèrent à ces sanglantes exécutions. Douze cents Français furent ainsi mis à mort sous les yeux du roi; la Loire resta couverte de cadavres pendant plusieurs jours.

Le massacre de la Saint-Barthélemy est un fait historique trop connu pour que nous en rapportions les détails; disons seulement que ce fut une horrible exécution politique à laquelle ne manqua pas la sanction de ce qu'on appelait *la justice*, puisqu'elle était ordonnée par le roi, et qu'il est admis, même de nos jours, que *toute justice émane du roi*. Juge et bourreau, Charles IX non seulement aide à tuer ceux qu'il a condamnés, mais il veut se repaître de la vue de leurs cadavres : « On vit le roi, dit Brantôme, tirer d'une fenêtre du Louvre sur les protestants fugitifs. Trois jours après, il va à Montfaucon pour y voir le cadavre de l'amiral Coligny, que des furieux avaient transporté là et attaché au gibet, et comme on lui représentait qu'il s'exhalait de ce lieu une odeur méphytique, il répond : « Le corps d'un ennemi mort » sent toujours bon ! » Henri III succède à Charles IX, et son premier soin est de faire juger et exécuter le duc de Montgommery; puis il fait assassiner le duc de Guise aux états de Blois, et il finit par tomber lui-même sous le couteau d'un assassin, Jacques Clément, moine fanatique.

Enfin Henri IV arrive au trône, et l'on peut espérer que la justice tant outragée sera désormais respectée; mais les exécutions politiques, pour être plus justes, n'en furent pas moins fréquentes. Le 24 décembre 1594, le roi se rendait, vers six heures du soir, à l'hôtel du Bouchage, lorsqu'un fanatique nommé Jean Châtel, âgé de dix-neuf ans et fils d'un drapier de Paris, se précipite sur lui et le frappe, au visage, d'un coup de couteau, puis il cherche à se perdre dans la foule; mais il fut promptement reconnu et arrêté. Interrogé sur ce qui avait pu le porter à commettre un pareil crime, il répond que se sentant chargé de péchés énormes et irrémissibles, et croyant ne pouvoir éviter les peines de l'enfer, il a pensé les diminuer en tuant le roi huguenot. On apprend ensuite qu'il avait étudié au collége de Clermont; qu'il y avait dans ce collège une chambre dite de méditation, dont les murs étaient tapissés de tableaux représentant les scènes de l'enfer, et dans laquelle, en certains cas, on enfermait un écolier pour l'abandonner à ses réflexions. Ces peintures, la solitude aidant, faisaient nécessairement fermenter de jeunes têtes et disposaient à la démence. Aussi, par l'arrêt qui condamna Jean Châtel à la peine des parricides, fut-il ordonné aux prêtres et écoliers du collége de Clermont, « comme étant corrupteurs » de la jeunesse, perturbateurs du repos public, et ennemis » du roi et de l'État, de vider le royaume, leurs biens de» meurant confisqués pour être employés à œuvres pies. »

Jean Châtel fut exécuté : on tua le fanatique; mais le fanatisme subsista, et ce qu'avait tenté Châtel, Ravaillac devait l'accomplir.

Nous voici arrivés au XVIe siècle; dès lors la justice est plus régulière; mais les passions n'en sont pas moins ardentes, et nous allons voir, sous tous les règnes, sous tous les régimes, l'échafaud politique se dresser comme par le passé; nous aurons encore à mentionner les dénis de justice, nous trouverons encore, et jusqu'à nos jours, des tribunaux exceptionnels, des lois de sang, des exécutions incroyables.

Chose extraordinaire! c'est Robespierre qui, le premier, au plus fort de la terreur, proposa à la convention nationale l'abolition de la peine de mort en matière politique! En 1830, la même proposition fut faite à plusieurs reprises; mais peut-être alors était-elle inopportune; cela avait trop l'air d'être fait pour les besoins du moment.

« Nobles pairs, disait alors dans son plaidoyer, le défenseur du prince de Polignac, depuis que la révolution de juillet est accomplie, l'échafaud ne s'est pas dressé une seule fois; j'ai la ferme conviction qu'il n'interviendra plus dans nos querelles politiques, et je repousse comme impossible toute terminaison fatale! »

Et pourtant il s'est relevé, et les dissentiments politiques l'ont de nouveau fait teindre de sang en France; mais il est juste de remarquer à l'honneur de notre époque que, depuis 1830, le sang des assassins seul y a coulé et que jamais il n'avait été fait un si fréquent usage du droit de grâce qui sera toujours le plus beau fleuron de la couronne royale; noble exemple qui malheureusement n'a pas été suivi chez quelques nations voisines où les exécutions politiques se sont multipliées dans des proportions affligeantes pour l'honneur de l'humanité.

HISTOIRE

DES

EXÉCUTIONS POLITIQUES

EN FRANCE,

Depuis le commencement de la monarchie jusqu'à nos jours.

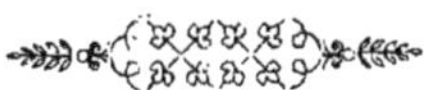

CONSPIRATION DU MARÉCHAL DE BIRON.

(**1602**.)

L'histoire du maréchal de Biron est un des exemples les plus mémorables de la rapidité avec laquelle un homme, alors même qu'il est doué de grandes et brillantes qualités, peut être poussé de la plus héroïque fidélité à la trahison, quand il se laisse dominer par l'orgueil et l'ambition.

Charles de Gontaut de Biron, fils d'Armand de Gontaut,

seigneur et baron de Biron, était né en 1562; son grand-père avait été tué à la bataille de Saint-Quentin; son père, grand-maître de l'artillerie, maréchal de France, après avoir failli être une des victimes de la Saint-Barthélemy, avait embrassé avec ardeur la cause de Henri IV.

L'éducation du jeune de Biron fut ce qu'était alors celle des grands seigneurs, c'est-à-dire toute guerrière. Bien jeune encore, il fit ses premières armes sous les ordres de son père, lors de l'expédition de Guyenne, et il montra tout d'abord un si grand courage, une intelligence si prodigieuse de l'art de la guerre, que l'on put prévoir à quelles hautes destinées il serait un jour appelé. Comme son père, il s'attacha au sort de Henri de Navarre, combattit sous ses ordres, se couvrit de gloire aux journées d'Arques et d'Ivry, aux siéges de Rouen et de Paris, et bientôt son nom fut proclamé par le peuple et par l'armée comme étant celui d'un des plus grands capitaines de ce temps.

A l'exemple de son souverain, Biron, à cette époque, abjura le protestantisme et se fit catholique, conversion qui s'opéra facilement et sans le moindre effort, « car, dit un historien, Biron était soldat avant tout; la théologie était pour lui lettre close, et il avait vécu jusque là dans une ignorance complète des principes de sa propre religion, au point qu'il lui eût été impossible de dire en quoi elle différait de celle des catholiques, de sorte qu'il n'eût pas à abjurer ses croyances, mais seulement celles qu'on lui attribuait et dont il se souciait peu, n'en ayant point une idée nette. »

C'est là en effet le jugement que l'on peut porter sur la plupart des hommes de guerre importants de cette époque, braves jusqu'à la témérité, mais fort peu logiciens; se battant, non pour un principe, mais uniquement pour se battre et acquérir ce titre de *victorieux* que Henri IV lui-même plaçait au dessus de tous les autres. Aussi les talents et le dévoûment de Biron étaient-ils dignement appréciés par le roi, qui en fit son ami et le combla de biens et d'honneurs. Biron devint successivement maréchal-de-camp, lieutenant-général, amiral de France, en même temps que sa baronnie était érigée en duché. Cette estime du souverain pour son favori était telle que, un jour, les échevins de Paris étant venus lui faire compliment de plusieurs avantages qu'il venait de remporter, il leur dit :

« Messieurs, je vous remercie de vos bons sentiments;
» mais il ne faut pas oublier que je ne fais point ces choses
» tout seul, et qu'il en revient une bonne part à cet homme
» que je présente toujours avec avantage à mes amis et à
» mes ennemis. »

Et ce disant, il prit affectueusement la main de Biron qui était près de lui.

Par malheur, Biron, ainsi que nous l'avons dit, n'avait que les qualités de l'homme de guerre ; celles de l'homme politique lui manquaient entièrement : il avait un amour-propre excessif, manquait de prudence, et il avait une si haute idée de son mérite, qu'il regardait les faveurs et l'amitié de son roi comme de trop faibles récompenses. Aussi mit-il souvent à de rudes épreuves la patience de Henri IV; mais la reconnaissance et l'amitié l'emportaient toujours, dans le cœur du monarque, sur le mécontentement que lui causaient les plaintes et les exigences de son favori.

La paix ayant été proclamée, et Biron ne pouvant plus trouver dans les combats un aliment à son activité, son caractère s'aigrit; sa nullité lui devint insupportable; il tomba dans une sorte de marasme fiévreux ; il se tourmentait et s'agitait dans le vide. Cet homme si haut placé, si puissant, si riche, cet homme entouré de tant de considération et de tant d'honneurs, se plaignit plus amèrement que jamais de n'être pas suffisamment récompensé des services qu'ils avait rendus au roi et au pays.

« — La cour de France, disait-il hautement et à tout propos, ne ressemble point à celle d'Espagne ; c'est à Madrid seulement que le vrai mérite est reconnu et mis à sa place, tandis que nous n'avons ici que des semblants de récompense. »

Ces plaintes répétées sur tous les tons et à tout propos, blessaient le cœur du roi, en même temps qu'elles étaient avidement recueillies par les ennemis de la France. Les dispositions de Biron furent donc promptement connues de Beauvais-la-Noële, un des agents de l'Espagne à Paris, qui s'empressa d'en faire part à sa cour, se faisant fort d'amener le maréchal à tout ce que l'on voudrait, pourvu qu'il fût autorisé, lui Beauvais-la-Noële, à faire à Biron, de la part du roi d'Espagne, des promesses assez brillantes pour que l'ambition et l'amour propre excessif du maréchal en fussent satisfaits. L'intelligence, l'adresse de cet agent étant bien connues, il fut autorisé à employer tous les moyens qu'il jugerait convenables. Il agit donc en conséquence, et parvint promptement à s'introduire près du maréchal et à s'insinuer dans ses bonnes grâces. Il n'eut pas de peine à le séduire, en faisant luire à ses yeux de brillantes espérances. Au bout de quelques mois, Biron s'était rendu. Il se vit environné de distinctions, enivré de flatteries, à la cour espagnole de Bruxelles, où Henri IV l'avait envoyé pour faire jurer la paix de Vervins, à l'archiduc. On prétend que ce fut à cette époque que Biron, oubliant tous ses devoirs, s'engagea à seconder les catholiques de France, s'ils en venaient à une révolte ouverte.

En 1599, le duc de Savoie fit un voyage en France. Ce voyage avait pour but apparent une tentative d'accommodement avec Henri IV, qui réclamait le marquisat de Saluce. Mais il paraît que le duc avait aussi un motif caché Il était porteur de pleins pouvoirs de la cour d'Espagne pour entrer en arrangement avec Biron. Ce prince ne négligea rien pour exagérer et enflammer les mécontentements du maréchal, et il le décida enfin à s'arranger par écrit avec lui et le comte de Fuentès, gouverneur du Milanais.

Au moment de franchir la frontière de France, M. de Savoie laissa échapper quelque imprudente parole de défi, qui fit entrevoir une conspiration organisée contre l'État. Des soupçons vagues se portèrent sur Biron, dont la conduite paraissait depuis quelque temps extraordinaire, même au roi. On conseilla à Henri de faire arrêter M. de Savoie, il n'y voulut pas consentir.

En 1601, la guerre fut déclarée par le roi Henri au duc de Savoie. Biron fut chargé des premières opérations, et s'acquitta de cette tâche avec un succès qui s'accordait mal avec la mauvaise volonté qu'il avait mise à l'obtenir.

Pendant cette campagne, le duc de Savoie proposa au maréchal de l'aider à se défaire de Henri IV. Biron repoussa d'abord cette proposition avec une indignation bien naturelle; mais harcelé sans cesse par les intrigants qui l'entouraient, il s'accoutuma peu à peu à l'idée de cette infâme trahison. Il paraît même certain qu'au siége du fort Sainte-Catherine, près de Genève, il informa le gouverneur ennemi qu'il eût à s'apprêter à diriger toute son artillerie vers l'endroit où le roi voudrait probablement visiter la tranchée; mais ensuite, effrayé lui-même de ce crime, il empêcha le roi de se rendre dans le lieu où il eût trouvé une mort certaine.

Au retour de la campagne, Henri, informé à Lyon des menées secrètes du maréchal, le prit un jour à part dans le cloître des Cordeliers, et lui adressa de vifs reproches. Biron se jeta à ses pieds, lui fit un aveu complet :

« Sire, dit-il, veuillez prendre en considération la grande
» déplaisance que me causait l'inactivité à laquelle j'étais
» réduit lorsque cela a commencé : je n'avais plus qu'à en-
» tendre les compliments et les flatteries de gens astucieux,

» moi élevé uniquement par le grand et noble métier de la » guerre, et qui ne pouvais me défier des artifices de lan- » gage que des traîtres employaient pour me perdre. »

Il finit par dire qu'il ne se serait pas écarté de son devoir si le gouvernement de la citadelle de Bourg en Bresse ne lui avait été refusé, attendu que son activité eût trouvé un aliment suffisant dans cet emploi. Henri IV l'embrassa et lui promit l'entier oubli du passé. Son ami d'Epernon, qui avait une longue habitude des cours, lui fit sentir le danger de ne pas prendre une abolition légale. Biron préféra avoir une confiance entière dans la parole de Henri.

Le roi traita ensuite Biron comme s'il ne lui eût jamais donné de motifs de plainte. Il l'envoya à Londres pour faire part à Élisabeth de son mariage avec Marie de Médicis, et le nomma son ambassadeur extraordinaire en Suisse, en lui faisant un présent considérable.

Mais, chose inconcevable, dans le même temps le maréchal reprenait ses intrigues avec le duc de Savoie et le roi d'Espagne. On lui promettait la main d'une princesse espagnole, et la souveraineté du duché de Bourgogne et de la Franche-Comté.

La vérité ne devait pas tarder à être découverte. Biron avait auprès de lui un de ses parents éloignés, intrigant subalterne, il se nommait Lafin. Le maréchal l'avait fait le confident de toutes ses menées, l'agent de toutes ses intrigues; cette confiance était imprudente et folle, ainsi que la suite le prouva.

Le roi qui avait eu de nouveaux avis de la trahison de Biron, notamment par Roscieux, ancien ligueur, retiré dans les Pays-Bas, le roi, à l'âme généreuse duquel il répugnait de vivre continuellement dans cette atmosphère de soupçons, songea à s'adresser à Lafin pour connaître la vérité. Cet homme était accessible à toutes les séductions; il dévoila la conspiration. On lui demanda des preuves; il déroba adroitement au maréchal une foule de papiers parmi lesquels se trouvait le traité de Biron avec l'Espagne, la correspondance qui avait eu lieu à ce sujet, et il remit le tout à Henri. Le roi assembla aussitôt son conseil, et l'on reconnut la nécessité de s'assurer de la personne du maréchal qui était alors en Bourgogne. Mandé par son souverain à Fontainebleau, où la cour se trouvait, Biron s'y présenta avec assurance. Le roi qui voulait le sauver mit tout en œuvre pour obtenir l'aveu sincère d'un crime qu'il voulait pardonner; mais loin d'avouer ses torts, le maréchal s'emporta en menaces contre ses accusateurs, et comme Henri insistait, il s'écria avec fierté : « Sire, c'est trop pousser un homme de bien ! »

Le lendemain, le roi, après avoir joué avec le maréchal jusqu'à minuit, le prit de nouveau à part et renouvela ses efforts pour obtenir un aveu.

« Il l'interpella encore un coup, dit un auteur du temps, » de lui donner le contentement qu'il sût par sa bouche » ce dont, à son grand regret, il était trop éclairci ; » d'ailleurs, l'assurant de sa grâce et bonté, quelque chose » qu'il eût commise contre lui, le confessant librement, il » le couvrirait du manteau de sa protection. A quoi ledit » sieur maréchal affirma qu'il n'avait rien à dire, n'étant » pas venu vers sa majesté pour se justifier, mais la sup- » plier seulement de lui dire qui étaient ses ennemis, » pour lui en demander justice ou se la faire soi-même. Le roi » le refusa et lui dit : Je vois bien que je n'apprendrai rien » de vous. Je m'en vais voir le comte d'Auvergne pour es- » sayer d'en savoir davantage.

» Le roi rentra encore dans sa chambre, ordonna à tous » de se retirer et dit : Adieu, baron de Biron ; vous savez » ce que je vous ai dit. »

Au moment où le maréchal franchissait la porte et entrait dans l'antichambre, Vitry, capitaine des gardes, s'approcha, et portant la main gauche à la droite de Biron, pendant que de la main droite il saisissait son épée, il dit : Monsieur, le roi m'a commandé de lui rendre compte de votre personne; baillez votre épée. — Tu railles, Vitry, dit le maréchal fort étonné. — Non, monsieur le maréchal; j'obéis au roi; et c'est en son nom que je vous demande votre épée. — Hé! reprit Biron, laisse, je te prie, que je parle au roi. — Cela ne se peut, monsieur; le roi est retiré. Alors le maréchal remit son épée à Vitry en s'écriant : *Ah! mon épée qui a tant fait de bons services!*

Après être demeuré pendant quelques jours sous la garde de Vitry, demandant inutilement à voir le roi et protestant de son innocence, Biron fut conduit à la Bastille, et il fut enjoint au parlement de lui faire son procès.

En présence des pièces livrées au roi par Lafin, l'issue de ce procès ne pouvait être douteuse; aussi, la famille entière de Biron, au lieu de songer à le défendre, ne chercha-t-elle qu'à le sauver en implorant la pitié de Henri. Le 10 juin, le roi étant dans la grande galerie du château de Saint-Maur-des-Fossés, entouré d'une partie de sa cour, M. de La Force, frère du maréchal, accompagné de sa famille éplorée, vint se jeter à ses pieds :

« Sire, dit-il, j'ai toujours cru que votre majesté recevrait nos très humbles respects en bonne part; c'est pourquoi nous venons nous jeter à vos pieds, accompagnés des vœux de plus de cent mille hommes, vos très humbles et très obéissants serviteurs, pour implorer votre miséricorde, non pour vous demander justice pour ce pauvre misérable. Dieu veut que nous pardonnions à ceux qui nous ont offensés, comme nous désirons qu'il nous pardonne; les hommes ne vous ont point mis la couronne sur la tête, c'est lui seul qui vous l'a donnée; les rois ne peuvent mieux montrer leur grandeur qu'en usant de clémence, sire; je ne veux point me jeter aux extrémités, sinon, qu'en suppliant votre majesté de lui sauver la vie, et le mettre en tel lieu qu'il vous plaira. Que maudite soit l'ambition qui l'a poussé à cela, et la vanité de se montrer nécessaire à tout le monde. Vous avez pardonné à plusieurs qui vous avaient davantage offensé, sire, ne veuillez point nous noter d'infamie, et nous mettre en proie à une honte perpétuelle qui durerait à jamais.... »

En finissant ce discours, M. de La Force se prosterna de nouveau, ainsi que tous les membres de sa famille, qui l'accompagnaient. Le roi leur ordonna avec bonté de se relever, et il répondit :

« J'ai toujours reçu les requêtes des amis du sieur de Biron en bonne part, ne faisant pas comme mes prédécesseurs, qui n'ont jamais voulu que non seulement les amis et parents des coupables parlassent pour eux, mais non pas même les pères et les mères, ni les frères. Jamais le roi François ne voulut que la femme de mon oncle, le prince de Condé, lui demandât pardon. Quant à la clémence dont vous voulez que j'use envers le sieur de Biron, ce ne serait miséricorde, mais cruauté ; s'il n'y allait que de mon intérêt particulier, je lui pardonnerais, comme je lui pardonne de grand cœur ; mais il y va de mon état, auquel je dois beaucoup, et de mes enfants, que j'ai mis au monde, car ils me le pourraient reprocher, et tout mon royaume. Je laisserai faire le cours de justice, et vous verrez le jugement qui en sera donné. J'apporterai ce que je pourrai à son innocence ; je vous permets d'y faire ce que vous pourrez...

» Quant à la note d'infamie, il n'y en a que pour lui ; le connétable de Saint-Pol, de qui je viens, le duc de Nemours, de qui j'ai hérité, ont-ils moins laissé d'honneur à leur postérité ? Le prince de Condé, mon oncle, n'eût-il pas eu la tête tranchée le lendemain, si le roi de France ne fût mort ? Voilà pourquoi vous autres, qui êtes parents du sieur de Biron, n'aurez aucune honte, pourvu que vous continuiez en vos fidélités, comme je m'en assure, et tant s'en faut que je veuille ôter vos charges, que s'il en venait de nouvelles, je vous les donnerais....

» J'ai plus de regret à sa faute que vous-mêmes; mais avoir entrepris contre son bienfaiteur, cela ne se peut supporter... »

Le maréchal qui avait jusque là conservé beaucoup d'espérance, ayant appris le peu de succès de la démarche faite par sa famille, commença à perdre sa sécurité, et ayant remarqué que, depuis cette démarche, on n'entrait dans sa chambre que sans armes, et qu'on le servait avec des couteaux sans pointe, il s'écria avec indignation : *Oh! je vois bien qu'on veut me faire tenir le chemin de la Grève!* Il se décida alors à invoquer la clémence du roi, et il lui écrivit une longue lettre où l'on remarque particulièrement les passages suivants.

« Sire, entre les perfections qui accompagnent la grandeur de Dieu, sa miséricorde paraît par dessus toutes : cette miséricorde vous a été communiquée comme fils aîné de son Eglise, et vous avez jusqu'ici ménagé divinement le sang de vos ennemis. Or, sire, si jamais votre majesté, de qui la clémence a toujours signalé la victoire de votre épée, désire de rendre mémorable sa bonté par une seule grâce, c'est maintenant qu'elle peut paraître, en donnant la vie et la liberté à son serviteur, à qui la naissance et la fortune avaient promis une plus honorable mort que celle qui le menace. Cette promesse de mon destin, sire, qui voulait que mes jours fussent sacrifiés à votre service, s'en va être honteusement violée, si votre miséricorde ne s'y oppose...

» Je suis votre créature, sire, élevée et nourrie avec honneur à la guerre par votre libéralité et vos exemples; car, de maréchal de camp vous m'avez fait maréchal de France; de baron, duc; et de simple soldat, m'avez rendu capitaine. Vos combats et vos batailles ont été mes écoles, où, en vous obéissant comme mon roi, j'ai appris à commander les autres. Ne souffrez pas, sire, une occasion si misérable, et laissez-moi vivre pour mourir au milieu d'une armée, servant d'exemple d'homme de guerre qui combat pour son prince, et non d'un gentilhomme malheureux que le supplice défait au milieu d'un peuple ardent à la curiosité des spectacles, et impatient en l'attente de la mort des criminels.

» Que ma vie, sire, finisse au même lieu où j'ai accoutumé de répandre mon sang pour votre service, et permettez que celui qui m'est resté de trente-deux plaies que j'ai reçues en vous suivant et imitant votre courage, soit encore répandu pour la conservation et accroissement de votre empire, et que je reconnaisse la grâce que vous m'avez faite de me laisser la vie...

» Laissez-vous toucher, sire, à mes soupirs, et détournez de votre règne ce prodige de fortune, qu'un maréchal de France serve de funeste spectacle aux Français... Voyez cette lettre de l'œil que Dieu a accoutumé de voir les larmes des pécheurs repentants, et surmontez votre juste courroux pour réduire cette victoire en la grâce que je vous demande. »

Le roi ne répondit point à cette supplique, et l'instruction se continua. Lorsqu'elle fut terminée, le gouverneur de Paris, ayant reçu l'ordre de conduire le maréchal au parlement, se présenta dans sa chambre à cinq heures du matin; il dit au prisonnier que la cour était assemblée sous la présidence de M. le chancelier, et que l'on n'attendait plus que sa présence.

Biron s'habilla aussitôt sans proférer une parole; il monta en carrosse à la porte de la Bastille, et fut conduit, par l'Arsenal, au bord de la rivière où l'attendait un bateau couvert, dans lequel il entra avec MM. de Montigny et de Vitry. Bientôt ce bateau arriva au pied du Palais, et le maréchal fut introduit dans la vaste enceinte où siégeaient ses juges, au nombre de cent onze. On le fit asseoir sur la sellette destinée aux accusés, et l'on procéda à son interrogatoire; mais comme le chancelier avait la voix un peu basse, Biron, dès les premières questions, se leva et transporta lui-même son siége près de l'estrade, en disant : ***Pardonnez-moi, monsieur, si je m'advance; je ne vous entends pas, si ne parlez plus haut.***

L'interrogatoire terminé, le greffier donna lecture des cinq chefs d'accusation portés contre le maréchal, pour haute trahison, lèse-majesté, etc. Biron écouta cette lecture avec le plus grand calme; dès qu'elle fut terminée, il dit d'une voix haute et ferme :

« Si j'ai commis quelque faute, le roi me l'a pardonnée à Lyon, et il ne vous appartient pas d'en connaître. Je n'ai point obtenu de lettres d'abolition, il est vrai, mais c'est une formalité dont l'omission ne peut mettre Biron en danger ; c'était au roi à me les faire expédier. Le projet de traité qui sert de base à l'accusation est de ma main, j'en conviens, mais, la date en est antérieure au voyage de Lyon. Une lettre adressée à Lafin, dont vous admettez le témoignage contre moi, bien qu'il ait été mon complice, peut seule servir de prétexte à l'accusation ; mais cette lettre même démontre que j'ai renoncé à mes extravagants projets, car on y lit : « Puisqu'il a plu à Dieu de donner un fils au roi, je ne veux plus songer à toutes ces vanités, ainsi ne faites faute de revenir. »

» Mon malheur a cette consolation, messieurs, qu'aucun de vous n'ignore les services que j'ai rendus au roi et à l'Etat : je vous ai rétablis, messieurs, sur les fleurs de lys d'où les saturnales de la Ligue vous avaient chassés. Ce corps qui dépend de vous aujourd'hui, n'a rien qui n'ait saigné pour vous ; cette main, qui a écrit ces lettres produites contre moi, a fait tout le contraire de ce qu'elle écrivait. Il est vrai, j'ai écrit, j'ai pensé, j'ai dit, j'ai parlé plus que je devais faire ; mais où est la loi qui punit de mort la légèreté de la langue et le mouvement de la pensée ? Ne pouvais-je pas desservir le roi en Angleterre et en Suisse? Cependant j'ai été irréprochable dans ces deux ambassades; et si vous considérez avec quel cortége je suis venu, dans quel état j'ai laissé les places de Bourgogne, vous reconnaîtrez la confiance d'un homme qui compte sur la parole de son roi, et la fidélité d'un sujet bien éloigné de se rendre souverain dans son gouvernement. Assuré de mon pardon, je disais en moi-même : le roi connaît trop le fond de mon cœur pour soupçonner ma fidélité; que s'il ne m'a donné la vie que pour me faire mourir, un tel procédé n'est pas digne de sa grande âme, et ne peut lui être inspiré que par les ennemis de sa gloire et les miens; j'ai voulu mal faire, mais ma volonté n'a point passé les bornes d'une première pensée enveloppée dans les nuages de la colère et du dépit; et ce serait chose bien dure que ce fût par moi qu'on commençât à punir les pensées; serais-je le seul en France qui n'éprouvât point la clémence du roi?

» La reine d'Angleterre m'a dit que si le comte d'Essex eût demandé pardon il l'eût obtenu. Le comte était coupable, et moi je suis innocent! Henri peut-il avoir oublié mes services? Ne se souvient-il plus du siége d'Amiens, où il m'a vu tant de fois couvert de feu et de plomb! Il ne m'a jamais aimé que tant qu'il a cru que je lui étais nécessaire; il éteint le flambeau en mon sang après qu'il s'en est servi. Mon père a souffert la mort pour lui mettre la couronne sur la tête : j'ai reçu quarante blessures pour la maintenir; et pour récompense, il m'abat la tête des épaules. C'est à vous, messieurs, d'empêcher une injustice qui déshonorerait son règne, et de lui conserver un bon serviteur et au roi d'Espagne un grand ennemi. »

Ce discours terminé, le maréchal fut reconduit à la Bastille par le même chemin et avec les mêmes précautions qu'il en avait été extrait. Il paraissait très satisfait de ce qu'il avait dit, et de l'impression que ses paroles semblaient avoir produite sur l'auditoire, quoiqu'il ne se fît pas illusion sur les sentiments du chancelier. Ce dernier, en effet, après le départ de l'accusé, avait pris la parole pour soutenir l'accusation, et il s'était efforcé de démontrer que des considérations personnelles, quelle qu'en fût l'importance, ne devaient pas faire taire la conscience des juges, et arracher le coupable à une condamnation méritée. L'arrêt fut ensuite prononcé ; il déclarait Biron coupable du crime de lèse-majesté, d'attentat à la personne du roi, et le condamnait à avoir la tête tranchée en place de Grève.

Le jour fixé pour l'exécution, le chancelier, M. de Sillery et trois maîtres des requêtes arrivèrent à la Bastille, suivis des audienciers et des huissiers. Comme ils traversaient la cour, la femme du concierge de la Bastille, nommé Rumigny, qui les accompagnait, se prit à pleurer et à pousser des gémissements. A ce bruit, Biron s'approcha des barreaux de sa fenêtre, et voyant de quoi il s'agissait il s'écria : « Quelle injustice ! faire mourir un homme innocent !... Monsieur le chancelier, venez-vous me prononcer la mort ?... Je suis innocent de ce dont on m'accuse. »

Le chancelier passa sans répondre et sans lever la tête ; puis il ordonna que l'on conduisît le condamné à la chapelle, laquelle était située au-dessous de la chambre qu'occupait le maréchal. Biron s'emporta alors, et pendant une heure il ne fit entendre que cris, menaces et imprécations.

« Quoi, monsieur ! dit-il, avec véhémence, lorsque le chancelier arriva près de lui, vous qui avez le visage d'un homme de bien, avez souffert que j'aie été si misérablement condamné ? .. Ah ! monsieur, si vous n'eussiez témoigné devant ces messieurs que le roi voulait ma mort, ils ne m'auraient pas ainsi condamné.... Monsieur ! monsieur ! vous avez pu empêcher ce mal et vous ne l'avez pas fait ! Vous en répondrez devant Dieu !.. Oui, monsieur, devant lui, où je vous appelle dans l'an, et tous les juges qui m'ont condamné. »

En parlant ainsi, il frappait rudement sur les bras du chancelier.

« Ah ! s'écria-t-il encore, que le roi fait aujourd'hui de bien au roi d'Espagne de lui ôter un si grand ennemi que moi ! »

Enfin il parut se calmer un peu. Le chancelier saisit cet instant pour l'inviter à ne plus penser qu'à Dieu et à l'éternité, et il lui demanda, de la part du roi, de faire remise de son ordre. Biron le tira de sa poche, roulé dans son cordon bleu, car il ne l'avait point porté au cou depuis son arrestation, et il dit en le remettant :

« Le voici, monsieur ; je jure ma part de paradis que je n'ai jamais contrevenu aux statuts de l'ordre. »

Se tournant ensuite vers un docteur nommé Garnier, qui avait été envoyé près de lui avec le curé de Saint-Nicolas-des-Champs, pour lui offrir les consolations de la religion, il reprit :

« Je n'avais pas affaire de vous, monsieur, et vous ne serez pas en peine de me confesser. Ce que je dis ici tout haut est ma confession. Il y a huit jours que je me confesse tous les jours; même la nuit dernière, je voyais les cieux ouverts, et me semblait que Dieu me tendait les bras. Et m'ont dit mes gardes ce matin que je criais toute nuit. »

Puis récriminant de nouveau contre Lafin qui l'avait trahi :

« Quoi ! s'écria-t-il, le roi ne permettra-t-il pas à mes frères de faire faire le procès à ce méchant? Par le Dieu vivant et ma part de paradis ! ce méchant et déloyal m'a perdu, et je perds ma vie pour sauver la sienne. »

« Il proférait ces paroles de telle façon, dit un auteur de ce temps, qu'il semblait qu'il haranguait à la tête d'une armée au moment d'entrer au combat. »

Comme le chancelier se retirait, Biron demanda de n'être pas lié par le bourreau, ce qui lui fut accordé. Le greffier alors s'approchant de lui ; — «Monsieur, lui dit-il, je dois vous lire votre arrêt, et il est nécessaire que vous fassiez acte d'humilité. — Je le veux bien, mon ami, répondit le maréchal; que veux-tu que je fasse? — Il faut vous mettre à genoux.»

Il s'approcha aussitôt de l'autel sur lequel il s'appuya du coude, tenant son chapeau à la main, et il mit le genou droit en terre. Il écouta d'abord avec calme la lecture que faisait le greffier; mais en entendant ces mots : *Pour avoir attenté aux jours du roi*, il l'interrompit. *Cela est faux*, dit-il d'une voix forte, *ôtez cela*. Plus loin, le greffier lisant le passage qui ordonnait que l'exécution eût lieu à la Grève, il l'interrompit de nouveau en s'écriant : « *Quoi ! moi en Grève !* — On y a pourvu, répondit le greffier; ce sera céans ; le roi vous fait cette grâce. — *Quelle grâce !*» fit-il avec dédain. Enfin, lorsque le greffier en vint à l'article qui déclarait tous ses biens confisqués et le duché de Biron réuni à la couronne, il dit encore : «Le roi se veut-il enrichir de ma pauvreté? La terre de Biron ne peut être confisquée; je ne la possédais point par succession, mais par substitution. Et mes frères, que feraient-ils?... Le roi se devrait contenter de ma vie.»

Cependant l'échafaud avait été dressé à l'une des extrémités de la cour : *Il était*, dit l'auteur que nous avons déjà cité, *haut de cinq pieds, sans aucune parure, et l'échelle mise au pied*. A cinq heures, le greffier dit au maréchal qu'il était temps de descendre. Biron descendit d'un pas ferme, et il s'avança résolument à travers les gardes, les officiers et les magistrats qui remplissaient la cour. Arrivé au pied de l'échelle, il jeta son chapeau, s'agenouilla et fit une courte prière, puis il monta sur l'échafaud et il ôta son pourpoint en déclarant de nouveau, à haute voix, qu'à la vérité il avait failli ; mais que jamais il n'avait eu la pensée d'attenter à la personne du roi. Après avoir reçu l'absolution du prêtre qui l'assistait, il se tourna vers les soldats qui gardaient la porte principale, et s'écria : « Ah ! que je voudrais bien que quelqu'un de vous me donnât d'une mousquetade au travers du corps ! » Le greffier lui dit alors qu'il fallait lire l'arrêt. — « Je l'ai déjà ouï en la chapelle, répondit le condamné. — Monsieur, je dois le lire ici de rechef. — Lis donc, lis ! »

Cette seconde lecture terminée, il se banda lui-même les yeux et se mit à genoux pour recevoir le coup mortel ; mais se ravisant tout à coup, il arracha le mouchoir, et jeta un regard menaçant sur le bourreau qui s'avançait pour lui lier les mains et lui couper les cheveux. « Que l'on ne m'approche pas, s'écria-t-il alors en se relevant vivement, je ne le souffrirai point... et si l'on me met en fougue, j'étranglerai la moitié de ce qui est ici. » *Sur laquelle parole*, dit l'auteur cité plus haut, *il se vit tel qui portait une épée à son côté, qui regardait à la montée, prêt à se sauver de frayeur.*

Toutefois, le maréchal se calma promptement, et ayant aperçu M. Baranton qui l'avait gardé durant sa captivité, il le pria de venir à lui pour lui bander les yeux et lui retrousser les cheveux, ce qui fut fait à l'instant.

« Dépêche ! dépêche ! dit alors le maréchal au bourreau. — Monsieur, répondit celui-ci, il faut dire votre *in manus.* » A peine avait-il prononcé ces mots, qu'il saisit l'épée que lui présentait son valet, et d'un coup si rapide qu'on ne vit point passer la lame, il fit voler jusqu'au milieu de la cour la tête du condamné, qui fut ensuite rapportée et exposée sur l'échafaud. Le corps, immédiatement couvert d'un drap noir et blanc, fut enterré le soir même dans l'église Saint-Paul.

Ainsi périt, le 30 juillet 1602, cet homme que son courage avait placé si haut, et que sa folle ambition devait perdre.

« Il était de taille médiocre, dit l'historien Mézerai, et de corpulence grosse, avait le poil noir, commençant à grisonner, la physionomie funeste, la conversation rude, les yeux enfoncés, la tête petite et sans doute mal garnie de cervelle. Ses desseins extravagants, sa conduite étourdie, et la folle passion qu'il avait pour le jeu (car il perdit en un an plus de cinquante mille écus) en étaient des marques certaines. »

Biron, quoi qu'en dise l'historien, avait bien mérité sa réputation d'habile et vaillant général, et son nom sera toujours, à juste titre, placé parmi ceux des plus grands capitaines du seizième siècle.

ASSASSINAT DE HENRI IV

PAR RAVAILLAC.

(1610)

Déjà Henri IV avait échappé dix-sept fois aux poignards des assassins; plusieurs de ces fanatiques avaient payé de la vie leurs coupables tentatives, et la mort de deux d'entre eux, Pierre Barrière et Jean Châtel, avait été précédée des plus cruels tourments. Mais cela n'avait eu pour résultat que d'augmenter l'ardeur du hideux fanatisme qui avait survécu aux dernières guerres de religion, et de faire voir en perspective aux misérables qui en étaient atteints, la palme du martyre pour prix du plus horrible crime.

Tel était Ravaillac, sous les coups duquel devait succomber ce prince.

Fils d'un praticien fort pauvre, François Ravaillac naquit à Angoulême en 1578. Il montra dès son enfance beaucoup de dispositions pour la vie monastique, et après avoir suivi, pendant plusieurs années, la profession de son père, il entra chez les Feuillants, dont il prit l'habit. Mais ces religieux ne tardèrent pas à reconnaître qu'il était atteint d'une sorte de démence dont les accès devenaient de plus en plus fréquents: il avait des visions, et se livrait à mille extravagances. Après avoir vainement tenté de le guérir, les religieux le renvoyèrent. Il se fit alors maître d'école dans la ville où il était né; mais son état mental ne s'améliora point : fanatisé, dès sa plus tendre jeunesse, par les sermons et les écrits des ligueurs, il nourrissait une haine violente contre le roi, dans lequel il ne voyait qu'un huguenot ennemi du pays; et en proie à de fréquentes hallucinations, il lui semblait entendre les voix des saints martyrs qui l'appelaient parmi eux. Ce fut dans cette disposition d'esprit qu'il résolut de poignarder le roi, et qu'il partit pour Paris, où l'appelait, en outre, les suites d'un procès qu'il avait gagné depuis longtemps au parlement.

«Il semblait, dit M. de Bury dans son Histoire de Henri IV, que le roi eût épuisé toute sa bonne humeur le jour du couronnement. Le lendemain de cette cérémonie, 10 mai 1610, il parut accablé de tristesse, et après avoir entendu la messe et passé un très long temps en prières, il se mit plusieurs fois sur son lit; mais ne pouvant dormir, il résolut, pour se distraire, de se rendre à l'Arsenal, pour y visiter Sully, qui était indisposé, et il ordonna qu'on préparât son carrosse. Bientôt il sortit accompagné des ducs d'Epernon et de Montbazon, du maréchal de Lavardin, de Roquelaure, de Mirabeau et de Liancourt, son premier écuyer. Lorsqu'il fut hors du Louvre, il renvoya sa garde. Le carrosse, qui s'avançait assez lentement par la rue Saint-Honoré, se trouva arrêté au bout de la rue de la Ferronnerie, près de la fontaine des Innocents, par un embarras de voitures. Les valets de pied quittèrent alors le carrosse, les uns pour faire débarrasser le passage, les autres pour gagner la rue Saint-Denis en passant par le charnier des Innocents.

Ce jour-là, dès le matin, Ravaillac s'était posté à la porte du Louvre, attendant l'occasion d'exécuter son criminel projet. Ayant vu sortir le carrosse, il le suivit, puis, le voyant s'arrêter, il se fit jour à travers la foule, mit le pied sur un des rayons de la roue de derrière, du côté où était le roi, s'appuya d'une main sur la portière, et de l'autre il frappa le roi d'un couteau à deux tranchants. Le premier coup porta entre la deuxième et la troisième côte; il était mortel : un second coup ne produisit qu'une blessure légère. Le meurtrier en porta encore plusieurs autres, qui pénétrèrent dans l'une des manches du duc de Montbazon, lequel s'était empressé de lever le bras pour garantir le roi.

« Je suis blessé! » s'écria Henri. Ravaillac, qui était demeuré immobile près du carrosse et le couteau à la main, fut arrêté sur-le-champ et conduit à l'hôtel de Retz, escorté par des archers qui eurent beaucoup de peine à empêcher le peuple de le mettre en pièces. En même temps, le roi était ramené au Louvre; il expira en y arrivant.

Les premières paroles que prononça Ravaillac lorsque le tumulte qui se faisait autour de lui lui permirent de se faire entendre, furent celles-ci : *Le roi est-il mort?* On lui répondit qu'il n'avait aucun mal. — « Cela m'étonne, reprit-il, car je lui ai certainement donné un mauvais coup. » Et, comme l'une des personnes présentes lui demandait qui l'avait poussé à commettre un si grand crime, il répondit sans hésiter : « Je vous mettrais dans un furieux embarras si je disais que c'est vous. »

Dans la soirée, on le fit sortir de l'hôtel de Retz pour le conduire à la Conciergerie, dans la tour de Montgommery, où les présidents Jeannin et Bullion se rendirent pour l'interroger. Il répondit à leurs questions :

« Je m'appelle François Ravaillac; je suis natif d'Angoulême, et j'ai trente deux ans : je n'ai jamais été marié. Mon métier est d'apprendre à lire et à écrire aux jeunes garçons. J'ai été quatorze ans solliciteur de procès Je suis venu à Paris pour un procès que j'ai gagné depuis longtemps au parlement, où je poursuivais la taxation des frais. Ni moi, ni aucun des miens n'avons jamais reçu aucun tort du roi. Ce n'est donc ni un désir particulier de ven-

3

geance, ni l'instigation de personne, mais une tentation de l'enfer qui m'a porté à le tuer; et je suis venu à Paris dans la ferme résolution d'exécuter l'attentat. Sorti ce matin de mon auberge, entre les six et sept heures, je me suis rendu tout seul à l'église de Saint-Benoit pour entendre la messe, puis je suis revenu chez moi toujours rempli de mon dessein. »

Interrogé plus longuement le 17 et le 19 mai, il fit de son crime et de tout ce qui l'avait précédé un long récit dont voici les parties les plus remarquables:

« Il y a environ trois semaines que je suis à Paris, de ce dernier voyage. Le désir de retourner dans ma patrie m'en avait fait prendre le chemin; mais, lorsque je fus arrivé à Etampes, celui de tuer le roi s'étant rallumé dans mon cœur, me fit aussitôt retourner en arrière. Je ne pouvais souffrir que ce monarque ne forçât point les Huguenots à embrasser la religion catholique, chose que je croyais aisée. Mais avant d'exécuter mon dessein, je voulus parler au roi pour voir si je pourrais l'engager à ce que je désirais. Je fus, pour cet effet, plusieurs fois au Louvre; mais je ne pus trouver personne qui me présentât à sa majesté....

» J'ai déclaré au père d'Aubigny, jésuite, quantité de visions qui m'agitaient fort. J'ai éprouvé comme des sensations de feu, de soufre et d'encens; j'ai cru, en chantant des psaumes, entendre des trompettes de guerre; et, la nuit, en soufflant mes tisons pour les rallumer, il m'a semblé voir sortir de mon soufflet des hosties de communion. Pour me guérir de cette maladie d'esprit, le père d'Aubigny m'exhorta à réciter le chapelet, à prier Dieu, et à m'adresser à quelque grand pour être présenté au roi.

» Après Noël, je rencontrai le roi dans son carrosse, auprès des Innocents, et lui criai : « Sire, au nom de notre » Seigneur Jésus-Christ, et de la sacrée vierge Marie, qu'il » me soit permis de dire un mot à votre majesté. » Mais on me repoussa avec un coup de gaule, et je ne pus lui parler. Déterminé, en conséquence, à retourner dans mon pays, je l'exécutai, en renonçant à la pensée de tuer ce monarque, mais elle se réveilla, lorsque, à Pâques dernier, je revins à Paris, à pied, en huit jours.

» Dans l'auberge près des Quinze-Vingt, où on refusa de me loger, je volai le couteau qui me parut propre à mon dessein, et je le gardai engaîné dans ma poche. Ayant renoncé de nouveau à mon horrible pensée, je repartis, et je l'épointai en chemin, dans une charrette où je me trouvais. Mais à Etampes, pressé plus vivement que jamais par la tentation née de l'idée que le roi ne forçait point les Huguenots à rentrer dans le sein de l'Eglise, et accrue par le bruit qui se répandait, qu'il voulait faire la guerre au pape et transférer le saint-Siége à Paris, j'y revins encore pour tâcher de le rencontrer.

» Je refis la pointe de mon couteau avec une pierre, et j'attendis, pour faire le coup, que la reine eût été couronnée et fut retournée au Louvre, persuadé qu'alors l'assassinat du roi produirait dans le royaume moins de confusion et de préjudice... .

» L'archevêque d'Aix et quantité d'autres personnes m'ont pressé d'avouer qui m'avait poussé à commettre ce crime ; j'ai répondu que c'était ma seule volonté. Ma réponse est la vérité, et tous les tourments possibles ne sauraient me faire déclarer autre chose. Si leur violence devait m'y forcer, j'en ai éprouvé un effet assez rigoureux de la part d'un Huguenot qui, de son autorité privée, lorsque j'étais prisonnier à l'hôtel de Retz, m'écrasa les pouces.....

» Je n'ai osé déclarer mon dessein ni à curés, ni à autres prêtres, parce que j'étais très sûr qu'ils m'auraient fait arrêter et livrer à la justice, pour la raison que quand il s'agit de choses concernant l'état, ils ne gardent jamais le secret, à cause de l'obligation où ils sont de le révéler...

» J'ai été trois ou quatre fois au Louvre, pour prier instamment M. de La Force, capitaine des gardes, je l'en prends à témoin, de me présenter au roi. Mais il me refusa et m'écarta toujours, comme un papiste outré...

» Maintenant que j'ai déclaré la vérité en entier et sans aucune réserve, j'espère que Dieu, tout bon et tout miséricordieux, m'accordera le pardon de mes péchés, parce qu'il est beaucoup plus puissant pour effacer la faute, moyennant la confession et l'absolution du prêtre, que les hommes n'ont de pouvoir pour l'offenser. »

Ici, Ravaillac commença à pleurer amèrement, et ce fut en fondant en larmes qu'il invoqua la Vierge et tous les saints d'intercéder pour lui auprès de Dieu. On lui fit signer son second interrogatoire comme il avait signé le premier, et il écrivit ces deux vers au-dessous de sa signature :

Que toujours dans mon cœur
Jésus seul soit vainqueur.

Le père d'Aubigny, jésuite qui avait confessé Ravaillac, fut aussi interrogé ; mais il ne répondit que ces mots : « Je ne me souviens jamais de ce qu'on m'a dit en confession. » Et quelqu'efforts que l'on fit, on ne put en obtenir autre chose.

Appliqué à la question, Ravaillac en supporta les tourments avec beaucoup de courage, et il ne cessa de répéter qu'il n'avait absolument rien à ajouter aux aveux qu'il avait faits précédemment.

Le 27 mai, il fut conduit devant la grand'chambre du parlement, pour y entendre, à genoux, la lecture de son arrêt ainsi conçu :

« Vu par la cour, les grand'chambres, tournelle, et de l'édit, assemblées, le procès criminel fait par les présidents et conseillers à ce commis, à la requête du procureur général du roi, à l'encontre de François Ravaillac, praticien de la ville d'Angoulême, prisonnier en la Conciergerie du palais, informations, interrogatoires, confessions, dénégations, confrontations de témoins; conclusions du procureur général du roi, etc... Tout considéré, dit a été que la cour a déclaré et déclare ledit Ravaillac dûment atteint et convaincu du crime de lèse-majesté divine et humaine au premier chef, pour le très méchant, très abominable et très détestable parricide commis en la personne du feu roi Henri IV, de très bonne et très louable mémoire; pour réparation duquel l'a condamné et condamne à faire amende honorable devant la principale porte de l'église Notre-Dame de Paris, où il sera mené et conduit dans un tombereau. Là, nu, en chemise, tenant une torche ardente du poids de deux livres, dire et déclarer que malheureusement et proditoirement, il a commis ledit très méchant, très abominable et très détestable parricide, et tué ledit seigneur roi de deux coups de couteau dans le corps, dont il se repent et en demande pardon à Dieu, au roi et à la justice. De là, conduit à la place de Grève, et sur un échafaud qui y sera dressé, tenaillé aux mamelles, bras, cuisses et gras des jambes; sa main dextre, y tenant le couteau duquel il a commis ledit parricide, et brûlée du feu de soufre; et sur les endroits où il sera tenaillé, jeté du plomb fondu, de l'huile bouillante, de la poix résine brûlante, de la cire et du soufre fondus ensemble. Ce fait, son corps tiré et démembré à quatre chevaux, ses membres et corps consommés au feu, réduits en cendres, jetés au vent. A déclaré et déclare tous ses biens confisqués au roi. Ordonne que la maison où il est né sera démolie, celui à qui elle appartient préalablement indemnisé, sans que sur le fond puisse être fait à l'avenir autre bâtiment; et que, dans quinzaine après la publication dudit arrêt, à son de trompe et cri public dans la ville d'Angoulême, son père et sa mère vuideront le royaume, avec défense d'y revenir jamais, à peine d'être pendus et étranglés sans aucune forme ni figure de procès. Défendons à ses frères et sœurs, oncles et autres, de porter ci-après le nom de Ravaillac, et leur enjoignons de le changer sur les mêmes peines; et au substitut du procureur général de faire publier et exécuter le présent arrêt, à peine de s'en prendre à lui; et avant l'exécution d'icelui Ravaillac, ordonne qu'il sera de rechef appliqué à la question pour la révélation de ses complices. »

En conséquence de cette dernière disposition, le condamné fut de nouveau soumis aux tourments de la question; mais quelque terribles que fussent ces tourments, il persista à soutenir que personne ne l'avait poussé à commettre le crime dont il s'était rendu coupable.

« Je ne suis pas assez malheureux, dit-il en entrecoupant ses paroles de cris qui lui étaient arrachés par la douleur, pour cacher quelque chose dans ce genre, tandis que je suis pleinement persuadé que mon silence m'exclurait de la miséricorde divine, dans laquelle je mets mon espérance; outre que par la déclaration des complices, j'eusse abrégé des tourments inouïs. J'ai péché énormément en succombant à la tentation de tuer mon souverain. J'en demande pardon au roi, à la reine, à la justice, à tout le monde. Je les conjure de prier Dieu que mon corps porte la peine de mon âme, et je demande instamment que ma confession soit imprimée et publiée. »

Lorsque l'heure de l'exécution fut venue, on conduisit le condamné dans un tombereau devant l'église Notre-Dame, où il fit amende honorable, et de là à la Grève. Il y arriva à quatre heures, et ce ne fut qu'avec la plus grande peine qu'on parvint à le faire avancer jusqu'à l'échafaud, tant était grande la foule qui se pressait sur cette place et dans les rues environnantes. Les princes de la maison de Guise étaient aux fenêtres de l'Hôtel-de-Ville, et indépendamment de la garde ordinaire, l'échafaud était entouré de plusieurs centaines de gentilshommes à cheval. Les deux confesseurs du condamné étaient aussi à cheval près de l'échafaud, sur lequel ils montèrent ensuite pour exhorter le patient et l'engager une dernière fois à faire connaître ses complices.

Cependant Ravaillac, malgré les souffrances inouïes qu'il avait endurées, paraissait calme et résigné. Arrivé sur la plate-forme, il fit une courte prière, puis il s'abandonna à l'exécuteur, qui, après l'avoir couché sur le dos, et lui avoir lié le corps entre deux poteaux, lui attacha les pieds et les mains à quatre chevaux. Alors l'un des prêtres qui l'assistaient entonna le *Salve Regina*; mais il fut aussitôt interrompu par le peuple, et de toutes parts s'élevèrent ces cris : *Pas de prières pour un damné!... En enfer le Judas!*

Alors l'exécuteur saisit les tenailles qui rougissaient sur un fourneau ardent, et il tenailla le patient à toutes les parties du corps indiquées par l'arrêt. La main droite de laquelle il tenait le couteau avec lequel le crime avait été commis, fut mise sur le feu et brûlée lentement jusqu'au poignet, et à mesure que les chairs brûlaient, que les os se calcinaient, l'exécuteur versait sur le feu du soufre contenu dans des cornets. La main et le poignet étant entièrement brûlés, on versa dans les plaies faites par les tenailles de l'huile bouillante, de la poix résine, de la cire et du soufre fondus ensemble. Pendant ce long et pénible supplice, on ne cessait d'exhorter Ravaillac à faire connaître ses complices; mais il répondit toujours avec le même calme et la même résignation, qu'il n'en avait point. On fouetta ensuite les chevaux auxquels ses membres étaient attachés; mais soit que ces chevaux eussent été mal choisis, ou que les muscles du patient fussent d'une force extraordinaire, il se passa plus d'une heure en efforts inutiles. Ravaillac, malgré de si longues et si cruelles souffrances, n'avait pas perdu connaissance, et il ne cessait de recommander son âme à

Dieu. Un des gentilshommes, qui assistaient à l'exécution, voyant qu'un des quatre chevaux destinés à achever le patient avait épuisé ses forces, mit pied à terre, détacha ce cheval et le remplaça par le sien qu'il aida lui-même à tirer. Enfin, l'exécuteur s'armant d'un couperet, acheva de séparer les membres disloqués. Aussitôt le peuple se rua sur ces membres sanglants, mit le tronc en pièces, et emporta dans les divers quartiers de la capitale ces hideux trophées qui, quelques heures après, furent livrés aux flammes.

CONSPIRATION DU DUC DE MONTMORENCY.

(1632).

Né en 1595, Henri de Montmorency eut pour parrain Henri IV, qui lui donna, en même temps que son nom, le gouvernement de Narbonne, et qui ne cessa dans la suite de lui témoigner la plus vive affection. A peine âgé de 13 ans, le jeune duc obtint la survivance du gouvernement de Languedoc; àdix-sept ans, il était grand amiral de France. Dès ce moment, il ne cessa de se faire remarquer parmi les plus fidèles serviteurs de Louis XIII. Après avoir repoussé les avances provocatrices de la reine mère, il se distingua successivement aux siéges de Montauban et de Montpellier, dans la guerre du Languedoc, et plus tard, en Piémont, où, après la déroute de Doria, le roi lui écrivit, en lui envoyant le bâton de maréchal : « Je me sens obligé envers vous autant qu'un roi le puisse jamais être. »

Mais bientôt les séductions de la reine mère redoublèrent, et elle fut puissamment secondée par Gaston, envieux de la puissance de son frère. Marie de Médicis lui représentait qu'il espérait vainement obtenir la charge de connétable, devenue presque héréditaire dans sa famille; que le cardinal de Richelieu avait résolu d'abattre toutes les autorités pour les réunir uniquement dans sa personne ; qu'une seule voie lui était tracée pour parvenir à des dignités et à une gloire dignes de sa valeur et de son nom, et que cette voie était celle de médiateur forcé entre le roi et ses proches.

Marie de Médicis, en effet, était alors refugiée sur une terre étrangère ; l'âme généreuse de Montmorency lui inspira peut-être la malheureuse pensée de se sacrifier, pour mettre un terme à la royale mésintelligence dont gémissaient tous les Français. Toujours est-il qu'il souleva le Languedoc contre l'autorité royale, fit des levées d'hommes et d'argent, s'assura de Lodève, Alby, Uzès, Béziers, Saint-Pons, Lunel, et y reçut Gaston à la tête de deux mille hommes.

Nous n'entreprendrons point de tracer l'histoire de Montmorency ; les circonstances de sa défaite sont consignées dans les annales de l'orageux règne de Louis XIII. Entraîné par cette valeur impétueuse qui lui faisait d'ordinaire confondre le devoir de général avec celui de soldat, il essuya, à la tête de ses partisans, et à moins de vingt pas, une terrible décharge de mousqueterie ; transporté de fureur à la vue du sang qui ruisselait d'une blessure qu'il avait reçue à la gorge, il s'élança, sans voir que six gentilshommes seulement le suivaient, au milieu des chevaux-légers, dont le capitaine, nommé Gadagne, qu'il avait blessé d'un coup de pistolet, lui perça de deux balles la joue droite, et lui fracassa plusieurs dents. Cela, toutefois, ne pouvait abattre Montmorency ; enflammé de colère, il frappe et renverse le baron de Laurière, et décharge un terrible coup d'épée sur la tête du baron de Bourdet ; mais à ce moment, il reçoit cinq blessures dans la poitrine ; son cheval tombe mort, et il est lui-même pris et transporté dans une métairie, à plus d'une lieue de distance, d'où, après un premier pansement opéré sur une méchante échelle recouverte de quelques manteaux, il fut amené à Castelnaudary, au milieu de l'émotion et de la douleur du peuple dont il avait fait si longtemps l'admiration et dont il était le bienfaiteur.

C'était le 1er septembre 1632 que se livrait, près de Castelnaudary, cette déplorable bataille. Le 22 octobre, Louis XIII arrivait à Toulouse, et le 27, le duc y était transporté pour être jugé par le parlement, extraordinairement présidé par le garde-des-sceaux du royaume.

Au jour de son arrestation, Montmorency avait soutenu son malheur en héros Lucante, son médecin, lui disant un jour, après l'avoir pansé, qu'il était heureux, grâce au ciel, qu'aucune de ses blessures ne fût dangereuse, il lui répondit : « Vous oubliez votre métier, mon ami ; il n'y en a point » jusqu'à la moindre qui ne doive entraîner la mort. »

Cependant, sa famille sollicitait vivement sa grâce; mais le cardinal de Richelieu voulait sa perte, et il répondit à la sœur du duc qui lui offrait comme ôtages de la fidélité de son frère ses deux enfants, le duc d'Enghien (depuis le Grand Condé) et le prince de Conti :

« Il faut, madame, espérer en la miséricorde du roi ; mais » je n'y puis aucune part, et ne jamais vous donner sincè» rement aucune consolante parole. »

La procédure suivit donc son cours, et le jour venu de comparaître devant ses juges, le capitaine des gardes, Guitaut, se présenta pour le conduire au palais. Montmorency reçut en souriant cette nouvelle et se laissa conduire ; mais lorsque, au palais, le garde des sceaux, d'un ton de commandement et de colère, lui demanda ses nom, âge et qualités, le duc perdant pour un moment cette évangélique patience dont il s'était fait une loi depuis le jour de sa catastrophe, répondit d'une voix ferme et sévère, en fixant sur son interlocuteur un œil menaçant et irrité : « Vous avez » assez longtemps mangé le pain de mon père et celui de » ma maison pour le savoir. » Puis se remettant aussitôt, il fit signe qu'il avait regret de cet emportement involontaire, et qu'il était prêt à répondre à toutes les questions qui lui seraient adressées. Il convint avoir été pris combattant en bataille rangée contre le roi; que depuis il avait mainte fois reconnu la faute en laquelle il était tombé, plutôt par imprudence que par malice, et qu'il en avait demandé pardon au roi comme il le faisait encore en ce moment.

Le procureur général ayant donné ses conclusions, qui tendaient à la mort, le duc se retira et se prépara à faire une confession générale. Le père Arnoux vint le trouver alors, et lui dit en l'abordant: «J'ai bien sujet de m'estimer malheureux d'être obligé de vous rendre mes devoirs en cette rencontre. — En me servant bien de cette occasion, répondit Montmorency en l'embrassant, j'espère de la grâce de Dieu et de son assistance qu'il n'y aura point de malheur ni pour l'un ni pour l'autre.»

Il écrivit ensuite à la duchesse sa femme le billet suivant:

« MON CHER COEUR,

» Je vous dis le dernier adieu avec la même affection qui » a toujours été entre nous; je vous conjure, par le repos de » mon âme, que j'espère être bientôt dans le ciel, de modérer vos ressentiments, et de recevoir de la main de » votre doux sauveur cette affliction; je reçoistant de » grâces de sa bonté, que vous en devez avoir tout sujet de » consolation. Adieu encore un coup, mon cher cœur.

» HENRI DE MONTMORENCY. »

« Le 29 octobre 1632, fut rendu l'arrêt d'après lequel » le duc de Montmorency, déclaré atteint et convaincu » du crime de lèse-majesté au premier chef, est con-

» damné, pour réparation, à être privé de tous ses états,
» honneurs, dignités, à être livré ès-mains de l'exécuteur
» de la haute justice, pour avoir la tête tranchée sur un
» échafaud; tous ses biens être confisqués, et ses terres, te-
» nues immédiatement et médiatement du roi, être réunies
» au domaine de la couronne. »

La mort de Montmorency était résolue; le P. Joseph et le cardinal avaient d'avance fortifié Louis XIII contre toutes les démarches de ses amis et de sa famille, en présentant sous toutes ses faces la raison d'état. Le condamné cependant consentit, sur la prière du père Arnoux, à faire demander sa grâce : « Quoique, dit-il, il n'espérât rien que la miséricorde de Dieu.» — Je vous prie de dire à M. le cardinal, ajouta-t-il, en s'adressant à Launay, que je suis son très humble serviteur; que si, par sa faveur, il me conserve la vie, fléchissant le cœur du roi à la miséricorde que je lui demande, je vivrai en sorte qu'il n'aura jamais à s'en repentir; néanmoins que je ne souhaite pas que le conseil du roi se fasse aucune violence, s'il croit ma mort plus utile à l'état que le reste des années que je pourrais vivre, quoique je sois à la fleur de mes ans. »

Le roi était occupé au jeu, lorsque Launay se présenta devant lui; à peine fit-il attention à la supplique. Le duc de Chevreuse, dont les querelles avec Montmorency avaient été éclatantes, se jette à ses pieds sans plus l'émouvoir, bien qu'il lui offrît sa vie et sa liberté pour gage de la fidélité de son ennemi; une seule parole s'échappa à cette occasion des lèvres de l'inflexible ou trop subjugué monarque; elle s'adressait à M. du Châtelet dont les larmes et les sanglots trahissaient en ce moment la douleur : « M. du Châtelet voudrait avoir perdu un bras, sans doute, pour sauver M. de Montmorency, dit-il en lui lançant un regard de mépris et de reproche. — Oh! sire, répliqua vivement du Châtelet, je voudrais les avoir perdus tous deux, pour vous en sauver un qui vous gagnait des batailles. »

En ce moment entrait M. de Charlus. « Sire, dit-il, je viens rendre à votre majesté, de la part de M. de Montmorency, le bâton de maréchal et le collier de notre Ordre. Il m'a chargé de dire à votre majesté qu'il meurt avec un très sensible déplaisir de l'avoir offensée. » A ces mots, la voix du capitaine des gardes, qui s'affaiblissait à chaque moment, fut couverte tout-à-fait de sanglots, et, tombant entièrement aux pieds du roi : — « Grâce! s'écria-t-il, grâce pour lui! grâce pour ses ancêtres, qui ont si bien servi vos aïeux! — Allez dire au duc de Montmorency, répondit Louis XIII, en se tournant vers Charlus avec un mouvement d'impatience, que la seule grâce que je lui puisse faire, est de défendre au bourreau de le toucher, et de lui mettre la corde sur les épaules. »

L'heure de midi, fixée pour l'exécution, était arrivée pendant ces démarches; les deux commissaires nommés pour assister à la lecture de l'arrêt attendaient le duc à la chapelle ; il y descendit après avoir quitté l'habit magnifique dont il était alors vêtu, pour revêtir un sarreau de toile qu'il avait lui-même fait faire pour son supplice. Il salua les commissaires en entrant, se mit à genoux devant l'autel, et après avoir entendu la lecture de son jugement dans une attitude de profond recueillement, il leur dit: « Je vous remercie, messieurs, vous et votre compagnie ; assurez-là que je regarde cet arrêt de la justice du roi comme un arrêt de la miséricorde de Dieu. »

Lucante alors s'approcha pour lui couper les cheveux ; mais au moment de lui rendre ce dernier service, le fidèle serviteur tomba évanoui. — « Comment, Lucante, dit Montmorency en le relevant, vous qui m'exhortiez à recevoir tous mes malheurs comme venant de la main de Dieu, vous êtes plus affligé que moi? Allons, consolez-vous; que je vous embrasse pendant que j'ai les mains libres encore ; allons ne m'oubliez jamais. »

Alors il marcha au supplice. En entrant dans la cour de l'Hôtel-de-Ville, où se trouvait dressé l'échafaud, il s'arrêta au pied de la statue d'Henri IV, et la montrant du regard au Père Arnoux : « Je regarde la statue d'Henri IV, dit-il avec un soupir, c'était un grand et généreux monarque ! J'avais l'honneur d'être son filleul ! » Puis, après avoir gardé le silence quelques instants : « Allons reprit-il, en mettant le pied sur la première marche de l'échafaud, voilà l'unique chemin du ciel. »

Le greffier du parlement, le grand prévôt, les capitouls et les officiers du corps de la ville se trouvaient seuls dans la cour où allait se passer l'exécution; Montmorency leur dit d'une voix ferme et pleine de calme : « Je vous prie, Messieurs, de témoigner au roi que je meurs son très humble sujet, et avec un regret extrême de l'avoir offensé, dont je lui demande pardon, et même à toute la compagnie. » Il se mit à genoux, à ces mots, devant le billot, cherchant à prendre une posture dans laquelle ses blessures ne lui causassent pas de gêne; après avoir récité son *in manus*, et avoir recommandé à l'exécuteur, par qui il se fit bander les yeux, de ne pas frapper avant d'être averti, il baissa la tête, la releva un peu, et dit d'un accent bref : — « Frappe hardiment ! » — Sa tête aussitôt vola sur le plancher.

Ainsi périt, le 30 octobre 1632, à l'âge de trente-huit ans, le maréchal duc de Montmorency : avec lui finissait la branche cadette de cette famille si féconde en illustrations, et la première de la branche ducale de Montmorency. Ses biens, quoique l'arrêt en eût ordonné la confiscation, retournèrent à sa sœur, mère du grand Condé. Son corps embaumé par les dames de la Miséricorde et enveloppé d'un drap de velours noir, fut conduit à l'abbaye de Saint-Cernin, où le cardinal de Lavalette lui célébra un service auquel le parlement et les principaux seigneurs de la cour asssistèrent.

En 1645, la duchesse fit transporter son corps à Moulins, où fut élevé un magnifique tombeau que l'on admire encore aujourd'hui dans l'ancienne église des Jacobins.

Louis XIII, après l'exécution, manda le père Arnoux qui avait assisté le duc à ses derniers moments.

« Sire, lui dit le religieux, votre majesté a fait un grand » exemple sur la terre par la mort du duc de Montmorency; » mais Dieu, par sa miséricorde, en a fait un grand saint » dans le ciel. » Le roi répondit en soupirant : « Mon Père, » je voudrais avoir contribué à son salut par des voies plus » douces. »

Et plus tard, au lit de mort, Louis XIII avouait au grand Condé que, parmi les regrets qui empoisonnaient ses derniers instants, le plus vif était de n'avoir pas pardonné à Montmorency.

CONSPIRATION DE CINQ-MARS.

(**1642**.)

La mort du comte de Soissons, le plus redoutable ennemi de Richelieu, tombé sous les coups d'un assassin inconnu, venait de consolider, pour jamais, la puissance du cardinal. Cependant il songea bientôt à s'élever encore en faisant tomber la tête de Cinq-Mars, le dernier et le plus aimé des favoris de Louis XIII.

Dans le principe, Cinq-Mars avait été la créature de Richelieu qui, craignant les suites de la passion naissante que le roi montrait pour mademoiselle de Chemereau, résolut de lui donner un favori dont la faveur balançât celle d'une maîtresse, et par le canal duquel il pourrait, lui cardinal, être instruit des plus secrètes pensées du roi. Il jeta les yeux sur le jeune Cinq-Mars, fils du marquis d'Effiat, qui n'avait pas encore vingt ans, et était capitaine aux gardes.

Cinq-Mars était un des plus beaux hommes de la cour; il joignait à cet avantage beaucoup d'esprit, une humeur enjouée. Richelieu trouva le moyen de le faire remarquer du roi qui s'éprit d'une vive amitié pour le jeune capitaine, et ne put bientôt se passer de lui. Il le nomma d'abord grand-maître de sa garderobe, puis grand-écuyer de France, et lui donna une pension de quinze cents écus à prendre sur sa cassette, faveur qu'il n'avait jamais accordée qu'aux personnes qui avaient été le plus avant dans ses bonnes grâces. Dès lors, on n'appela plus Cinq-Mars que ***M. Le Grand.***

Une intelligence parfaite régna d'abord entre le ministre et le favori. Ce dernier rendait compte au cardinal des plus secrètes pensées du roi, qui n'avait rien de caché pour lui, et, de son côté, Richelieu se servait de tout l'ascendant qu'il avait sur l'esprit du monarque pour augmenter la faveur du grand-écuyer.

Cette harmonie ne pouvait durer longtemps entre deux hommes également ambitieux et altiers. Ce fut La Chesnaye, premier valet de chambre du roi qui, le premier, parvint à jeter le trouble entre ces trois personnages. Cet homme était un intrigant dont le cardinal s'était servi autrefois pour arrêter les progrès que madame d'Hautefort faisait dans le cœur du roi. Louis XIII, qui écoutait volontiers son premier valet de chambre, apprit de lui que Cinq-Mars, après avoir assisté au coucher, partait en poste pour Paris, où il passait les nuits dans la débauche avec Marion de Lorme. Le roi, qui était très sévère sur l'article des mœurs, témoigna beaucoup de mécontentement. De son côté, Cinq-Mars instruit par La Chesnaye des paroles peu obligeantes que le roi faisait entendre contre lui, s'emporta en plaintes peu mesurées. Enfin, dans une entrevue, ils se communiquèrent leurs sujets de plaintes mutuelles, et se réconcilièrent entièrement : La Chesnaye fut chassé par le roi, en présence de toute la cour.

Les nouveaux rendez-vous de Cinq-Mars avec Marion de Lorme, les défiances du cardinal, qui commençait à craindre le favori ; l'imprudence, la hauteur et l'indiscrétion de ce dernier amenèrent bientôt de nouvelles ruptures. Les mécontentements, les défiances augmentaient chaque jour.

Enfin, Cinq-Mars oubliant tout ce qu'il devait au cardinal, se ligua avec ses ennemis, et le roi lui-même, fatigué de l'ascendant que Richelieu avait pris sur lui, et des guerres qu'il l'avait forcé d'entreprendre, se fit le chef du parti qui se formait pour l'abattre, parti auquel appartenait François-Auguste de Thou, fils du célèbre historien de ce nom.

Les conjurés ayant résolu d'avoir recours à l'Espagne, un gentilhomme nommé Fontrailles, fut envoyé par eux à Madrid. Un traité fut conclu avec le roi Philippe, d'après lequel ce dernier s'engageait à fournir douze ou quinze mille hommes de vieilles troupes, à faire remettre à Gaston d'Orléans, frère du roi, qui devait se retirer à Sedan, quatre cent mille écus pour faire des levées, douze mille écus de pension par mois, quarante mille ducats par an à M. de Bouillon, autant à Cinq-Mars, cent mille livres pour mettre Sédan en état de défense, et vingt-cinq mille livres par mois pour l'entretien de la garnison. Il était convenu, en outre, que le roi d'Espagne et Gaston d'Orléans ne feraient aucun accommodement particulier ou général sans le consentement l'un de l'autre.

Le but de la conjuration était la paix entre la France et l'Espagne, et le renversement de Richelieu; on avait commencé par stipuler qu'il ne serait rien fait contre les intérêts du roi.

Cependant Cinq-Mars, à force de légèreté, d'imprudence, avait presque entièrement perdu l'amitié du roi, qui se repentit d'avoir voulu renverser le cardinal, et lui écrivit, à Tarascon, où il s'était retiré, que quelques bruits que l'on fît courir, il l'aimait plus que jamais, et qu'il y avait trop longtemps qu'ils étaient ensemble pour jamais se séparer, ce qu'il voulait que tout le monde sût. Richelieu reçut cette lettre au moment même où on lui apportait la nouvelle de la découverte de la conjuration, et le traité sur lequel elle était basée. Aussitôt il écrivit à Louis XIII, et le pressa de faire arrêter Cinq-Mars. Le roi, qui conservait encore un reste d'amitié pour son favori, eut beaucoup de peine à se décider; il savait d'ailleurs que faire arrêter un ennemi du cardinal, c'était l'envoyer à la mort. Aussi, avant de se déterminer, il consulta son confesseur, le père Sirmond, de la Compagnie de Jésus. Cet habile jésuite, voulant complaire à Richelieu, dit au roi qu'il ne devait point balancer un moment, attendu l'énormité du crime.

L'ordre fut délivré au comte de Charrost, capitaine des gardes, mais pas si secrètement que quelques amis du grand-écuyer n'en eussent connaissance. Ils se hâtèrent d'en informer ce jeune seigneur comme il sortait de table.

Fontrailles fut un des plus prompts à lui donner les premières alarmes. Cinq-Mars doutait encore. « Monsieur, finit-» il par lui dire, vous êtes de belle taille : quand vous se-» riez plus petit de toute la tête, vous ne laisseriez pas de » demeurer fort grand. Pour moi, qui suis déjà fort petit, » on ne pourrait rien m'ôter sans m'incommoder, et sans » me faire la plus vilaine taille du monde. Vous trouverez » bon, s'il vous plaît, que je me mette à couvert des cou-» teaux. » Puis, lui souhaitant le bonjour, il monta à cheval et s'enfuit en Espagne, où il arriva sans accident.

Cinq-Mars fut arrêté quelques jours après à Narbonne, le 14 juin 1642, chez un parfumeur nommé Burgos, dont la femme lui avait donné asile. Presqu'en même temps, de Thou était arrêté au camp devant Perpignan. Gaston eût peut-être pu les sauver; mais il ne songea qu'à apaiser le roi et à en obtenir son pardon. Le cardinal, s'étant rendu à Lyon, ordonna qu'on fît le procès aux accusés, et il nomma une commission composée du chancelier Séguier, qui en était le chef; de Laubardemont, rapporteur, et de six juges choisis parmi les conseillers du roi.

De Thou et Cinq-Mars, ayant été interrogés, nièrent tous les faits qui leur étaient imputés, ce qui embarrassa fort les juges. Laubardemont, sachant qu'il fallait du sang au premier ministre, vint alors au secours des conseillers : il fit décider que la déclaration écrite de Gaston serait valable sans confrontation, pourvu que le prince répondît aux interrogations du chancelier devant sept commissaires.

Laubardemont alla ensuite trouver Cinq-Mars dans sa prison, lui dit que de Thou avait fait une révélation complète de toute l'affaire, et que s'il voulait, lui, Cinq-Mars, déclarer la vérité, il aurait la vie sauve. Cinq-Mars, se fiant à cette promesse, avoua tout. Conduit à son tour devant les commissaires, et interrogé sur le traité avec l'Espagne, de Thou nia en avoir eu aucune connaissance. Aussitôt on lui fit lecture de la déposition de Cinq-Mars, et on ordonna qu'ils fussent confrontés. De Thou demanda à son ami s'il était vrai qu'il eût fait la déposition qu'on venait de lui lire ; et Cinq-Mars, reconnaissant le piége dans lequel il était tombé, tenta de se rétracter; mais de Thou, le voyant s'embarrasser, l'interrompit et dit :

Messieurs, je vous déclarerai l'affaire au vrai et en peu de mots, et dans tout ce que je dirai, je proteste que je n'ai aucun dessein de chicaner ma vie.

Il avoua alors qu'il avait su le traité d'Espagne par le canal de Fontrailles, l'ayant rencontré par hasard à Carcassonne ; qu'il l'avait accablé personnellement de reproches, et blâmé vivement les auteurs de ce traité; qu'il n'avait point révélé cette négociation, parce qu'il aurait été de la dernière témérité de dénoncer un fils de France.

Il n'en fallait pas davantage aux juges, créatures de Richelieu, pour qu'ils rendissent leur arrêt; Cinq-Mars et de Thou furent condamnés à mort. Aussitôt le chancelier écrivit au cardinal pour lui faire part de ce résultat, et lui envoya sa lettre par un nommé Picaud qui partit sur-le-champ, et rencontra le cardinal à deux lieues de Lyon. « — Qu'y a-t-il de nouveau? demanda vivement Richelieu en reconnaissant le messager. — Il y a, répondit ce dernier, que messieurs de Thou et Cinq-Mars sont condamnés à mort. — Monsieur de Thou ! monsieur de Thou ! s'écria le cardinal. Monsieur le chancelier m'a délivré là d'un grand fardeau ! » Puis après avoir réfléchi un instant, il ajouta : « Mais, Picaud, ils n'ont point de bourreau ! »

Cinq-Mars et de Thou apprirent leur condamnation avec beaucoup de fermeté. De Thou, après la lecture de l'arrêt, se tourna vers son ami et lui dit : « Humainement je pourrais me plaindre de vous ; vous m'avez accusé, vous me faites mourir ; mais Dieu sait combien je vous aime : mourons, monsieur, mourons courageusement et gagnons le ciel. »

Ils s'embrassèrent à plusieurs reprises en se demandant mutuellement pardon, puis ils se confessèrent ; après quoi Cinq-Mars écrivit à sa mère :

« MADAME,

» Ma très chère et très honorée mère, je vous écris, puis-
» qu'il ne m'est plus permis de vous voir, pour vous conju-
» rer, madame, de me rendre deux marques de votre der-
» nière bonté : l'une, madame, en donnant à mon âme le
» plus de prières qu'il vous sera possible, et qui sera pour
» mon salut ; et l'autre, soit que vous obteniez du roi le bien
» que j'ai employé dans ma charge de grand-écuyer, et ce
» que j'en pourrais avoir d'autre part, auparavant qu'il fût
» confisqué, ou soit que cette grâce ne vous soit point ac-
» cordée, que vous ayez assez de générosité pour satisfaire à
» mes créanciers. Tout ce qui dépend de la fortune est si peu
» de chose, que vous ne me devez pas refuser cette dernière
» supplication que je vous fais pour le repos de mon âme.
» Croyez-moi, madame, en cela, plutôt que vos sentiments,
» s'ils répugnent à mon souhait, puisque, ne faisant plus un
» pas qui ne me conduise à la mort, je suis plus capable que

» qui que ce soit de juger de la valeur des choses du monde. » Adieu, madame, et me pardonnerez si je ne vous ai pas » assez respectée au temps que j'ai vécu, et je vous assure » que je meurs,

» Ma très chère et très honorée mère, votre très » humble et très obéissant, et très obligé fils et ser- » viteur,

» HENRI D'EFFIAT. »

Quant à de Thou il répondit à un domestique que sa sœur, madame de Pontac, lui avait envoyé pour lui faire ses derniers adieux : « Mon ami, dis à ma sœur que je la prie de » continuer ses exercices ordinaires de piété ; que je connais » maintenant mieux que jamais que ce monde n'est que » mensonge et vanité ; que je meurs très content, et, par » la grâce de Dieu, avec les sentiments les plus vifs de ma » religion. »

Le même jour, 12 septembre 1642, à cinq heures de l'après-midi, on avertit les deux condamnés qu'il était temps de partir. Ils montèrent en carrosse avec leurs confesseurs. Le prévôt de Lyon, avec les archers de robe courte, et le chevalier du guet avec sa compagnie, formèrent l'escorte. De temps en temps, ils saluaient avec beaucoup d'aménité le peuple qui remplissait les rues par où passait ce cortége funèbre. Ensuite ils contestèrent entre eux à qui mourrait le premier. Un des confesseurs dit à de Thou : « Vous êtes le plus âgé, ainsi vous devez vous montrer le plus généreux. « Eh bien ! Monsieur, reprit de Thou, vous voulez m'ouvrir » le chemin du ciel. » Cinq-Mars répondit : « Je vous ai » ouvert le précipice. »

Le carrosse étant arrivé au pied de l'échafaud : *Allons mon ami,* dit M. de Thou à Cinq-Mars, *allez, l'honneur vous appartient, montrez que vous savez mourir.*

Cinq-Mars, magnifiquement vêtu, monta le premier : il n'était encore que sur le troisième échelon, lorsqu'un garde à cheval lui cria : « Monsieur, il faut être plus modeste. » Et en même temps il enleva le chapeau dont le condamné était couvert. Cinq-Mars se retourna vivement, arracha le chapeau de la main du garde, le remit sur sa tête et acheva de monter. Arrivé sur la plate-forme, il salua l'assemblée, ayant la main gauche sur le côté, et avec la même grâce que s'il eût été dans la chambre du roi. Il se mit ensuite à genoux, appuya sa tête sur le billot, et demanda à l'exécuteur si c'était ainsi qu'il devait se mettre. Cet exécuteur était un pauvre crocheteur de la ville, qu'on avait obligé de remplir l'office du bourreau alors malade. « — Oui, monsieur, » répondit-il en tremblant.

Cinq-Mars se releva vivement et remit à son confesseur une boîte dont il le pria d'employer la valeur en bonnes œuvres, après avoir brûlé le portrait qu'elle renfermait ; il y ajouta une bague avec prière d'en faire le même usage ; puis, après s'être coupé lui-même les moustaches, il donna les ciseaux au prêtre en le priant de lui couper les cheveux. Cette dernière opération terminée, il appuya de nouveau sa tête sur le billot, et dit d'une voix forte : « Suis-je bien ? — Oui, Monsieur, répondit l'exécuteur. — Eh bien, frappe ! »

A peine avait-il prononcé ce dernier mot que sa tête roula sur l'échafaud et alla tomber au milieu des assistants.

De Thou monta à son tour sur l'échafaud ; il était vêtu d'un habit noir, et il avait son chapeau à la main. Le premier objet qui frappa ses yeux sur ce funeste théâtre fut le corps de son ami nageant dans son sang et couvert d'un mauvais drap. Ce spectacle ne fit qu'augmenter les sentiments de religion dont il était pénétré à l'approhe de ses derniers moments; il pria humblement le bourreau de lui couper les cheveux, et après ce service, il l'embrassa en l'appelant son frère. Il lui recommanda de lui bander les yeux.

Je n'ai point de bandeau, dit l'exécuteur. Alors M. de Thou se tournant vers les assistants, dit : *Je suis homme, je crains la mort, et le corps de mon ami étendu à mes pieds me trouble ; je vous demande par aumône de quoi me bander la vue.*

On lui jeta plusieurs mouchoirs; l'exécuteur en prit un dont il lui banda les yeux. Il voulut être lié au poteau. Après avoir prié les jésuites qui l'accompagnaient de ne point l'abandonner dans ses derniers moments, il présenta la tête au fer teint du sang de son ami; mais il semblait que les forces du portefaix, remplissant les fonctions d'exécuteur, fussent épuisées : il souleva la hache avec peine et la laissa tomber d'une manière mal assurée ; il en porta ainsi onze coups à l'infortuné de Thou sans parvenir à lui arracher la vie ; ce ne fut qu'au douzième coup que la tête du condamné tomba enfin horriblement mutilée. De Thou avait alors trente-cinq ans ; Cinq-Mars n'en avait que vingt-deux.

L'exécuteur, après avoir dépouillé les cadavres des suppliciés, les porta dans le carrosse qui les avait amenés, et qui les transporta aux Feuillants où Cinq-Mars fut inhumé ; de Thou y demeura déposé seulement pendant quelque temps, après quoi son corps fut transporté de cette église dans celle des Carmélites de Lyon, et son cœur déposé à l'église Saint-André des arts, sépulture ordinaire de sa famille.

La condamnation et l'exécution de ces deux hommes est réellement quelque chose de monstrueux, puisqu'ils avaient été en quelque sorte encouragés au renversement du cardinal de Richelieu par le roi lui-même ; mais, il faut le reconnaître, en faisant tomber ces deux têtes, Richelieu se montrait fidèle à sa politique intérieure qui consistait à écraser la noblesse indépendante, à la mettre dans l'impuissance de lutter jamais contre la royauté, et à ruiner jusque dans ses fondements l'édifice féodal.

Rien ne justifie la mort de de Thou, qui n'était, dans tous les cas, coupable que de non révélation ; mais il est in-

6

contestable que la mort de Cinq-Mars devait avoir et eut réellement pour résultat l'affermissement de la paix du royaume incessamment troublé par les mouvements séditieux d'une noblesse incorrigible. Dès lors, le cardinal gouverna en paix; mais il ne devait pas survivre longtemps à ses dernières victimes, et il mourut trois mois après le dénouement de ce lugubre drame.

TENTATIVE D'ASSASSINAT SUR LOUIS XV,

PAR DAMIENS.

(1757.)

Né le 9 janvier 1715, dans le village de Monchy-le-Breton, près d'Arras, Robert-François Damiens, dont les parents étaient pauvres, fut élevé par l'un de ses oncles, cabaretier à Béthune, qui lui fit apprendre à lire et à écrire, et le plaça à l'âge de 16 ans, en qualité d'apprenti, chez un serrurier; il ne demeura que peu de temps dans cette condition qu'il abandonna pour se faire domestique.

En 1738, il était au service de quelques jeunes gens, occupant des chambres particulières au collége Louis-le-Grand, lorsqu'il se maria, ce qui lui fit perdre son emploi. A partir de cette époque, il changea fréquemment de condition.

Le 4 juillet 1756, Damiens entra au service d'un négociant russe nommé Jean-Michel, qui demeurait rue des Bourdonnais. Deux jours après, ce négociant, rentrant chez lui après une absence de quelques heures, s'aperçut qu'on lui avait volé deux cent quarante louis. Il porta plainte contre Damiens; mais déjà, ce dernier avait pris la poste, s'était rendu à Arras, et il ne put être arrêté. Six mois s'écoulèrent sans qu'il s'occupât de chercher une autre condition ; il fit plusieurs voyages pour visiter quelques parents, et ceux-ci remarquèrent dès lors qu'il avait l'esprit dérangé : il tenait des discours étranges et se livrait à des actes extravagants ; il passait tout-à-coup de la plus grande exaltation à la plus sombre mélancolie. A plusieurs reprises, il se fit saigner, ce qui améliorait un peu sa situation ; mais cette amélioration durait peu, et la démence ne tardait pas à reparaître Ainsi un jour qu'il se promenait tranquillement avec un mesureur de grain sur la place du marché, à Arras, il s'arrêta tout-à-coup et s'écria : « Tout est perdu ! Voilà le royaume » culbuté ! Je suis perdu à tout jamais !... »

Une autre fois il disait : « Si je meurs, le plus grand de la terre mourra aussi, et l'on entendra parler de moi ! »

Revenu à Paris vers la fin de novembre, Damiens répondit à son frère qui lui demandait comment il osait reparaître dans la capitale après le crime qu'il y avait commis : « Je reviens pour les affaires du parlement ; j'ai appris que » messieurs du parlement avaient donné leur démission. » Le 3 janvier 1757, après avoir passé la nuit avec sa femme et la plus grande partie du jour au cabaret, il partit à onze heures du soir pour Versailles où il arriva le 4, vers trois heures du matin. Il passa toute la journée à parcourir les cabarets. Le 5 il pria la maîtresse de l'auberge où il était logé, de faire venir un chirurgien pour le saigner ; mais elle n'en fit rien. Le même jour, vers cinq heures et demie, Damiens rôdait dans les cours du château. En ce moment Louis XV qui était revenu de Trianon dans l'après-midi se disposait à y retourner ; déjà, suivi du Dauphin et de toute la cour, il était arrivé près de sa voiture, et se disposait à y monter, appuyé sur le comte de Brienne, grand-écuyer, et sur le marquis de Beringhen, premier écuyer, la portière était même ouverte ; Damiens se précipita au milieu des courtisans, heurta en passant le Dauphin et le duc d'Ayen, capitaine des gardes-du-corps de service, et pénétrant à travers les gardes-du-corps et les cent-suisses formant la haie, il frappa le roi au côté droit, vers la cinquième côte, d'un couteau fait en forme de canif. Louis XV s'écria : « On m'a » donné un furieux coup de poing ! » Puis passant sa main sous sa veste et l'ayant retirée toute ensanglantée, il ajouta : « Je suis blessé ! » Dans le même instant il se retourna, et apercevant Damiens qui avait son chapeau sur la tête, il dit en le désignant : « C'est cet homme qui m'a frappé. Qu'on » l'arrête et qu'on ne lui fasse point de mal. »

Le roi remonta aussitôt dans son appartement ; on le mit au lit. Il paraissait saisi d'un effroi que les personnes présentes augmentaient encore en manifestant la crainte que l'arme dont s'était servi l'assassin ne fût empoisonnée. La reine, la famille royale l'entouraient ; mais madame de Pompadour ne parut point. Le roi crut alors qu'on l'avait écartée à cause du danger de son état ; il s'alarme davantage, se croit en danger de mort, et demande à se confesser.

Cependant, saisi par un des valets de pied du roi, et remis entre les mains des gardes-du-corps, Damiens avait été conduit dans la salle de ces derniers. On le déshabilla sur-le-champ, et l'on trouva sur lui le couteau dont il s'était servi. Ce couteau était à deux lames, l'une large, pointue, l'autre en forme de canif. C'était de la première qu'il s'était servi. Il avait eu le temps de l'essuyer, car on ne la trouva pas ensanglantée. On trouva aussi sur lui trente-six louis d'or et quelque argent blanc, un livre intitulé : *Instructions et prières chrétiennes*, qu'il a déclaré lui avoir été donné par son frère à Saint-Omer, et que l'un et l'autre ont reconnu aux confrontations.

Aussitôt qu'il se vit au pouvoir des gardes du roi, et sur les questions qui lui furent faites, il répéta plusieurs fois : *Qu'on prenne garde à M. le Dauphin ! que M. le Dauphin ne sorte pas de la journée !* Pressé d'avouer ses complices, il dit : *Ils sont bien loin, on ne les trouverait plus ; si je les déclarais tout serait fini.*

Dans l'espérance d'obtenir de lui l'aveu de ses complices, par la douleur, on l'approcha d'un feu ardent, et on le tenailla vers les chevilles avec des pincettes rougies. Le grand-prévôt de l'hôtel l'enleva aux tourments qu'on lui faisait subir, et le fit conduire à la prison où l'interrogea Leclerc de Brillet, un des lieutenants du prevôt de l'hôtel. Mallet, substitut du procureur général, rendit plainte le même jour : on commença sur-le-champ l'information.

Le 9 mai, Damiens remit au grand-prevôt une lettre pour le roi, qu'il avait écrite la veille et qui était ainsi conçue :

« Sire,

» Je suis bien fâché d'avoir eu le malheur de vous ap-
» procher ; mais si vous ne prenez pas le parti de votre peu-
» ple, avant qu'il soit quelques années d'ici, vous et mon-
» sieur le Dauphin, et quelques autres périront. Il serait
» fâcheux qu'un aussi bon prince, par la trop grande bonté
» qu'il a pour les ecclésiastiques, dont il accorde toute sa
» confiance, ne soit pas sûr de sa vie ; et si vous n'avez pas la
» bonté d'y remédier sous peu de temps, il arrivera de très
» grands malheurs, votre royaume n'étant pas en sûreté. Par
» malheur pour vous, que vos sujets vous ont donné leur
» démission, l'affaire ne provenant que de leur part. Et si
» vous n'avez pas la bonté pour votre peuple d'ordonner
» qu'on leur donne les sacrements à l'article de la mort, les
» ayant refusés depuis votre lit de justice, dont le Châtelet
» a fait vendre les meubles du prêtre qui s'est sauvé, je vous
» réitère que votre vie n'est pas en sûreté, sur l'avis qui est
» très vrai, que je prends la liberté de vous informer par
» l'officier porteur de la présente, auquel j'ai mis toute ma
» confiance. L'archevêque de Paris est la cause de tout le
» trouble par les sacrements qu'il a fait refuser. Après le
» crime cruel que je viens de commettre contre votre per-

» sonne sacrée, l'aveu sincère que je prends la liberté de vous
» faire me fait espérer la clémence des bontés de Votre
» Majesté.

» DAMIENS. »

« J'oublie à avoir l'honneur de représenter à Votre Ma-
» jeste que malgré les ordres que vous avez donnés en disant
» que l'on ne me fasse pas de mal, cela n'a pas empêché que
» monseigneur le garde-des-sceaux a fait chauffer deux
» pinces dans la salle des gardes, me tenant lui-même, et
» ordonné à deux gardes de me brûler les jambes; ce qui fut
» exécuté, en leur promettant récompense, en disant à ces
» deux gardes d'aller chercher deux fagots, et de les mettre
» dans le feu, afin de m'y faire jeter dedans, et que, sans
» M. Leclerc, qui a empêché leur projet, je n'aurais pas pu
» avoir l'honneur de vous instruire que dessus.

» DAMIENS. »

A cette lettre était jointe la note suivante :

« Messieurs Chagrange; *seconde* Baisse de Lisse, de la
» Guionye, Clément, Lambert; *le président* de Rieux, Bon-
» nainvilliers, président du Massy et presque tous.

« Il faut qu'il remette son parlement et qu'il le soutienne
» avec promesse de rien faire aux ci-dessus et compagnie.

» DAMIENS. »

Cela n'annonçait qu'un dérangement d'esprit, une sorte de monomanie; mais on persista à croire que Damiens avait été poussé par de hauts personnages au crime qu'il avait commis, et, faute de mieux, on arrêta la femme et la fille de ce malheureux, ainsi que son père, ses frères et plusieurs personnes sans importance avec lesquelles il avait eu des relations en dernier lieu.

Le 15 janvier, le roi, entièrement guéri, et remis de sa frayeur, donna des lettres-patentes pour ordonner l'instruction du procès en la grande chambre du parlement, et Damiens fut transféré de Versailles à la prison de la Conciergerie, à Paris, où on l'enferma dans une chambre, au premier étage de la tour de Montgommeri. Cette chambre, de douze pieds en tous sens, n'était éclairée que par deux meurtrières très étroites; elle était chauffée par la lumière de plusieurs bougies qui y brûlaient jour et nuit. On avait placé le chevet du lit à trois pieds de distance de la muraille; ce lit était sur une estrade élevée de six pouces du plancher, et matelassée dans sa circonférence à six pouces en dehors du coucher. Le dossier, dans toute sa largeur, élevé de trois pieds au-dessus du chevet, était pareillement matelassé, et s'élevait et se baissait avec une crémaillère pour la commodité du service du patient. Dans ce lit, il était attaché par un assemblage de fortes courroies de cuir de Hongrie, larges de deux pouces et demi : ces courroies lui tenaient les épaules assujetties, et de chaque côté du lit étaient attachées à des anneaux scellés au plancher. Deux autres courroies formaient un lien à chacun de ses bras, et correspondaient entre elles par une autre placée sur l'estomac; et les deux branches opéraient une espèce de menotte pour chaque main, qui ne laissait à la main et au bras de liberté que vers la bouche. Ces courroies étaient également rattachées par les extrémités au plancher, dans des anneaux semblables aux premiers. Deux autres courroies pareilles contenaient également les cuisses, et étaient rattachées de même; en sorte que, de chaque côté du lit, il sortait trois branches de courroies; outre cela, celle qui était placée sur l'estomac formait, en descendant aux pieds, comme un surfaix, et se rattachait au pied du lit à un anneau au milieu du plancher. La courroie qui contenait les épaules avait également la correspondance par-dessus le dossier à un autre

CUSTINES.

Farcy del. C. Geoffroy sc.

FAVRAS.

Cinquante centimes la Livraison.

HISTOIRE

DES

EXÉCUTIONS POLITIQUES

EN FRANCE,

Depuis le commencement de la monarchie jusqu'à nos jours.

PAR AUG. BLANC.

GABRIEL DE GONET, ÉDITEUR, RUE DE LA HARPE, 93.

1846.

Livraison.

CONDITIONS DE LA SOUSCRIPTION.

L'histoire des Exécutions Politiques formera un volume in-8°, publié en 16 livraisons.

Douze belles gravures sur acier composées spécialement pour cet ouvrage seront jointes au texte.

En payant le prix de l'ouvrage entier (8 francs), on reçoit les livraisons *franco* à domicile, à Paris.

L'ouvrage étant entièrement terminé, il paraîtra une livraison ou deux par semaine sans interruption.

On Souscrit à Paris,

CHEZ TOUS LES LIBRAIRES, ET SPÉCIALEMENT CHEZ :

Martinon, rue du Coq-St-Honoré, 4.
Dutertre, passage Bour-l'Abbé.
Pilout, rue Saint-Honoré, 70.
Garnier frères, gal. Montpensier, 215 *b*.
Paul Masgana, galerie de l'Odéon.
Rigaud, passage Vivienne.
Poirée, rue Croix-des-Petits-Champs, 2.
Pourreau, rue de la Harpe, 82.

Et dans les Départements, chez les principaux Libraires.

A ALGER, chez Dubos frères, et Marest, rue Bab-Azoun.

Imprimerie de Lacour et Cie, rue Ste-Hyacinthe-St-Michel, 33.

www.ingramcontent.com/pod-product-compliance
Ingram Content Group UK Ltd.
Pitfield, Milton Keynes, MK11 3LW, UK
UKHW020406230726
13925UKWH00003B/1281